Training Note トレーニングノート α 数学 Ⅱ

JN084430

は じ め に

　数学の勉強をする際に，公式や解き方を丸暗記してしまう人がいます。しかし，そのような方法では，すぐに忘れてしまいます。問題演習を重ねれば，公式やその活用方法は自然と身につくものですが，ただ漫然と問題を解くのではなく，その公式の成り立ちや特徴を理解しながら解いていくことが大切です。そうすれば，記憶は持続されます。

　本書は，レベルを教科書程度の基本から標準に設定し，理解をするために必要な問題を精選しています。また，直接書き込みながら勉強できるように，余白を十分にとっていますので，ノートは不要です。

　 POINTS では，押さえておくべき公式や重要事項をまとめています。 Check では，どの公式や重要事項を用いるかの指示や，どのように考えるのかをアドバイスしています。さらに，解答・解説では，図などを使って詳しく解き方を示していますので，自学自習に最適です。

　皆さんが本書を最大限に活用して，数学の理解が進むことを心から願っています。

目 次

① 3次式の展開と因数分解

解答 ▶ 別冊P.2

📝 POINTS

1 3次式の展開

① $(a+b)^3=a^3+3a^2b+3ab^2+b^3$　　$(a-b)^3=a^3-3a^2b+3ab^2-b^3$

② $(a+b)(a^2-ab+b^2)=a^3+b^3$　　$(a-b)(a^2+ab+b^2)=a^3-b^3$

2 3次式の因数分解

① $a^3+3a^2b+3ab^2+b^3=(a+b)^3$　　$a^3-3a^2b+3ab^2-b^3=(a-b)^3$

② $a^3+b^3=(a+b)(a^2-ab+b^2)$　　$a^3-b^3=(a-b)(a^2+ab+b^2)$

✅ Check

1 次の式を展開せよ。

↳ **1** 📝 POINTS **1** 参照。

□(1) $(x+2)^3$　　　　□(2) $(2a-b)^3$

□(3) $(x+1)(x^2-x+1)$　　□(4) $(3a-2b)(9a^2+6ab+4b^2)$

2 次の式を因数分解せよ。

↳ **2** 📝 POINTS **2** 参照。

□(1) a^3+27b^3　　　　□(2) x^3-64

□(3) $8x^3+12x^2+6x+1$　　□(4) $27a^3-54a^2b+36ab^2-8b^3$

3 次の式を因数分解せよ。

□(1) $(a+b)^3+c^3$　　　□(2) x^6-y^6

↳ **3** (1)$a+b=A$ として，A^3+c^3 を因数分解する。
(2) $x^6=(x^3)^2$，$y^6=(y^3)^2$ と考えて，
$A^2-B^2=(A+B)(A-B)$
を利用する。

② 二項定理

解答 ▶ 別冊P.2

📝 POINTS

1 二項定理

$$(a+b)^n = {}_nC_0 a^n + {}_nC_1 a^{n-1}b + {}_nC_2 a^{n-2}b^2 + \cdots\cdots + {}_nC_r a^{n-r}b^r + \cdots\cdots + {}_nC_{n-1}ab^{n-1} + {}_nC_n b^n$$

2 パスカルの三角形

二項係数 ${}_nC_0$, ${}_nC_1$, ${}_nC_2$, $\cdots\cdots$, ${}_nC_n$ の値を順に並べると，右の図のようになる。

その値の並び方の特徴は，左右対称で，両端以外の数は左上と右上の数の和に等しい。

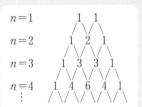

3 二項定理の応用

$(1+x)^n = {}_nC_0 + {}_nC_1 x + {}_nC_2 x^2 + \cdots\cdots + {}_nC_n x^n$ の x に，いろいろな数値を代入する。

4 多項定理

$(a+b+c)^n$ の展開式の一般項は，$\dfrac{n!}{p!\,q!\,r!}a^p b^q c^r$（ただし，$p+q+r=n$）

---

4 次の式を展開せよ。

□(1)　$(x+y)^4$

□(2)　$(x-y)^6$

□(3)　$(2x+y)^4$

□(4)　$(2x-3y)^5$

✔ Check

↳ **4** 二項定理を利用する。

📝 POINTS **1**, **2** 参照。

5 次の式の展開式において，〔　〕内の項の係数を求めよ。

↳ **5** $(a+b)^n$ の展開式における $a^{n-r}b^r$ の項は，$_nC_r a^{n-r}b^r$ である。

☐(1) $(3x+y)^5$ 〔x^3y^2〕

☐(2) $(2x^2+3)^6$ 〔x^6〕

6 次の式の和を求めよ。

↳ **6** ⊘ **POINTS** 3 で，次の x の値を代入したもの。
(1)$x=1$

☐(1) $_nC_0 + {}_nC_1 + {}_nC_2 + \cdots\cdots + {}_nC_n$

☐(2) $_nC_0 + 2{}_nC_1 + 2^2{}_nC_2 + \cdots\cdots + 2^n{}_nC_n$

(2)$x=2$

☐(3) $_nC_0 - 2{}_nC_1 + 2^2{}_nC_2 - \cdots\cdots + (-2)^n{}_nC_n$

(3)$x=-2$

☐(4) $_nC_0 + \dfrac{{}_nC_1}{3} + \dfrac{{}_nC_2}{3^2} + \cdots\cdots + \dfrac{{}_nC_n}{3^n}$

(4)$x=\dfrac{1}{3}$

7 次の式の展開式において，〔 〕内の項の係数を求めよ。

↳ 7 POINTS 4 参照。

☐(1) $(a+b+c)^6$ 〔ab^2c^3〕

☐(2) $(x+2y-3z)^6$ 〔x^3y^2z〕

☐(3) $(x^2+x+2)^5$ 〔x^3〕

8 二項定理を用いて，21^{21} を 400 で割った余りを求めよ。

↳ 8 $21^{21}=(1+20)^{21}$ に対して，二項定理を適用すればよい。
POINTS 3 参照。

③ 整式の除法と分数式

解答▶別冊P.3

📝 POINTS

1 整式の除法

整式 A を 0 でない整式 B で割った商を Q，余りを R とすると，

$$A=BQ+R \quad （ただし，R の次数＜B の次数）$$

2 分数式の四則演算

① 分数式 $\dfrac{A}{B}$，$\dfrac{C}{D}$ に対して，$\quad \dfrac{A}{B}\times\dfrac{C}{D}=\dfrac{AC}{BD} \qquad \dfrac{A}{B}\div\dfrac{C}{D}=\dfrac{AD}{BC}$

② 分数式 $\dfrac{A}{C}$，$\dfrac{B}{C}$ に対して，$\quad \dfrac{A}{C}+\dfrac{B}{C}=\dfrac{A+B}{C} \qquad \dfrac{A}{C}-\dfrac{B}{C}=\dfrac{A-B}{C}$

3 繁分数式

分数式の分母や分子がさらに分数式になっている式のこと。

① 分数式を一度割り算の形にした後に，掛け算にするために分母と分子を入れ替えて計算する。

② 分母と分子にある分数式の分母を払うために，その分母の式を分母・分子に掛ける。

---

9 次の整式 A を整式 B で割り，商と余りを求めよ。

✅ Check

↳ 9 📝 POINTS 1 参照。

☐(1) $A=3x^2+5x-1$, $B=x+2$

☐(2) $A=2x^3-x^2+3x+1$, $B=2x+1$

☐(3) $A=-2-5x+5x^2+6x^3$, $B=2x^2+x-2$

(3)降べきの順（項の次数が高いほうから低いほうへ）に並べてから求める。

10 次の計算をせよ。

□(1) $\dfrac{x^2-4x+3}{x^2-4} \times \dfrac{x+2}{x-3}$

□(2) $\dfrac{x^2-2x-8}{x^2-2x-15} \div \dfrac{x-4}{x+3}$

□(3) $\dfrac{x^2-3x}{x+1} \div \dfrac{x-3}{x+2} \times \dfrac{x+1}{x^2-2x}$

↪ **10** 分子・分母を因数分解し，分子・分母に共通な因数があるときは，約分する。
🖉 **POINTS** ② 参照。

11 次の計算をせよ。

□(1) $\dfrac{x-1}{x^2-4} + \dfrac{1}{4-x^2}$

□(2) $\dfrac{x-1}{x^2-x-6} - \dfrac{x+5}{x^2+5x+6}$

□(3) $\dfrac{1+\dfrac{1}{x-1}}{1+\dfrac{2}{x-1}}$

↪ **11** 分数式の加法・減法は，分母が異なるときは，まず通分する。
🖉 **POINTS** ② 参照。

(3) 🖉 **POINTS** ③ 参照。
②を利用するならば，分母・分子に $x-1$ を掛ける。

④ 等式の証明

✎ **POINTS**

1 **恒等式**

　等式に含まれている文字にどのような値を代入しても成り立つとき，その等式を**恒等式**という。
ただし，分数式の場合は分母を0にする値は考えない。

　P，Qがある文字についての整式のとき，$P=Q$が恒等式ならば，その文字について両辺の同じ
次数の項の係数はそれぞれ等しい。

2 **等式の証明**

　等式 $A=B$ が成り立つことを示すには，

（方法1）　A，Bの一方を変形して，他方になることを示す。

（方法2）　$A-B=0$ となることを示す。

（方法3）　A，Bとも変形すれば，同じ式Cとなることを示す。

✔ **Check**

12 次の等式がxについての恒等式となるように，定数a，b，c
の値を定めよ。

↪ **12** (1)(2) ✎ POINTS 1
参照。

□(1)　$a(x-1)^2+b(x-1)+c=x^2+x+1$

□(2)　$ax(x-1)(x-2)+bx(x-1)+c(x-1)=2x^3-3x^2+1$

□(3)　$\dfrac{3x+5}{(x+1)(x+3)}=\dfrac{a}{x+1}+\dfrac{b}{x+3}$

(3)通分して分母を同じ
ものにしてから，分子
のみを考えれば，(1)，
(2)と同様に考えること
ができる。

13 次の等式が成り立つことを証明せよ。

↳ 13 ✑ POINTS 2 参照。

☐(1) $(a+b)^2-(a-b)^2=4ab$

☐(2) $(a-b)^2+(b-c)^2+(c-a)^2=2(a^2+b^2+c^2-ab-bc-ca)$

14 それぞれ与えられた条件のもとで，☐にあてはまる値を求めよ。

↳ 14 (1)$a=k$, $b=2k$, $c=3k$ とおく。

☐(1) a, b, c が正の実数で，$a:b:c=1:2:3$, $2a^2+2b+3c=7$ のとき，$2a+9b+4c^2=$☐である。

☐(2) $\dfrac{a+b}{3}=\dfrac{b+c}{4}=\dfrac{c+a}{5}$, $abc \neq 0$ のとき，

$\dfrac{a^2b+b^2c+c^2a}{abc}=$☐である。

(2)$\dfrac{a+b}{3}=\dfrac{b+c}{4}$ $=\dfrac{c+a}{5}=k$ とおき，a, b, c を k で表す。

15 それぞれ与えられた条件のもとで，等式が成り立つことを証明せよ。

→ 15 ∥ POINTS 2 参照。

□(1) $a+b=1$ のとき，$a^3+b^3=1-3ab$

(1)$b=1-a$ または $a=1-b$ を代入する。

□(2) $\dfrac{x}{a}=\dfrac{y}{b}$ のとき，$\dfrac{x^2-xy+y^2}{a^2-ab+b^2}=\dfrac{x^2+3xy+2y^2}{a^2+3ab+2b^2}$

(2)$\dfrac{x}{a}=\dfrac{y}{b}=k$ とおくと，$x=ak$, $y=bk$ となる。これを代入する。

□(3) $\dfrac{x}{b-c}=\dfrac{y}{c-a}=\dfrac{z}{a-b}$ のとき，$ax+by+cz=0$

(3)$\dfrac{x}{b-c}=\dfrac{y}{c-a}=\dfrac{z}{a-b}$ $=k$ とおいて，(2)と同様に x, y, z についての式をつくり，代入する。

□(4) $a:b:c=1:2:3$ のとき，$a^2:b^2:c^2=1:4:9$

(4)$a:b:c=1:2:3$ より，$a=k$, $b=2k$, $c=3k$ とおいて，与式の左辺に代入する。

⑤ 不等式の証明

解答 ▶ 別冊P.5

🖉 POINTS

1 実数の大小関係

任意の2つの実数 a, b に関して，$a>b$, $a=b$, $a<b$ のいずれか1つの関係が成り立つ。

① $a>b$, $b>c \Longrightarrow a>c$

② $a>b \qquad \Longrightarrow a+c>b+c$, $a-c>b-c$

③ $a>b$, $c>0 \Longrightarrow ac>bc$, $\dfrac{a}{c}>\dfrac{b}{c}$

④ $a>b$, $c<0 \Longrightarrow ac<bc$, $\dfrac{a}{c}<\dfrac{b}{c}$

⑤ $a>b \qquad \Longleftrightarrow \boldsymbol{a-b>0}$

⑥ $a<b \qquad \Longleftrightarrow \boldsymbol{a-b<0}$

2 不等式の証明

$A>B$ を証明するには，

（方法1） A を変形し，B より大きいことを示す。

（方法2） $A-B>0$ を示す。

（方法3） $A>0$, $B>0$ のときは，$A^2>B^2$ を示してもよい。

3 実数の平方

実数 a, b について，

① $\boldsymbol{a^2 \geqq 0}$ （等号が成り立つのは，$a=0$ のとき）

② $\boldsymbol{a^2+b^2 \geqq 0}$ （等号が成り立つのは，$a=b=0$ のとき）

③ $a>0$, $b>0$ のとき，$\boldsymbol{a^2>b^2 \Longleftrightarrow a>b}$

4 絶対値と不等式

① 実数 a の絶対値 $|a|$ について，$|a| \geqq a$, $|a| \geqq -a$, $|a|^2=a^2$

② 実数 a, b について，$|a+b| \leqq |a|+|b|$ （等号が成り立つのは，$ab \geqq 0$ のとき）

5 相加平均と相乗平均

$a>0$, $b>0$ のとき，$\dfrac{a+b}{2} \geqq \sqrt{ab}$ （等号が成り立つのは，$a=b$ のとき）

□ **16** $x>1$, $y>1$ のとき，次の不等式を証明せよ。

$$xy+1>x+y$$

✅ Check

↳ 16 🖉 POINTS 1, 2

参照。

$x>1 \rightarrow x-1>0$,

$y>1 \rightarrow y+1>0$

として，

$xy+1-(x+y)>0$

を示す。

11

17 $x>2$, $y>5$ のとき，次の不等式を証明せよ。

□(1)　$x+y>7$

↳ **17** (1)$x>2$
→ $x+y>2+y$,
$y>5$ → $y+2>5+2$
として考える。

□(2)　$xy+10>5x+2y$

(2)$x>2$ → $x-2>0$,
$y>5$ → $y-5>0$
として，
左辺−右辺>0 を示す。

18 次の不等式を証明せよ。また，等号が成り立つのはどのようなときか答えよ。

↳ **18** 🖉 POINTS ②, ③
参照。

□(1)　$a^2+6ab+10b^2 \geqq 0$

□(2)　$a>0$, $b>0$ のとき，$\sqrt{a}+\sqrt{b} \leqq \sqrt{2(a+b)}$

19 次の不等式を証明せよ。また，等号が成り立つのはどのようなときか答えよ。

↳ **19** 🖉 POINTS ④参照。

(1)$|a-b|\leqq|a|+|b|$
が成り立つことと，
$|a|\leqq|a-b|+|b|$
が成り立つことを示せ
ばよい。

☐(1)　$|a|-|b|\leqq|a-b|\leqq|a|+|b|$

☐(2)　$|a|+|b|\leqq\sqrt{2(a^2+b^2)}$

20 次の不等式を証明せよ。また，等号が成り立つのはどのようなときか答えよ。

↳ **20** 🖉 POINTS ⑤参照。

(1)$a+\dfrac{1}{a}\geqq2$, $b+\dfrac{4}{b}\geqq4$
となることを利用する。

☐(1)　$a>0$, $b>0$ のとき，$a+b+\dfrac{1}{a}+\dfrac{4}{b}\geqq6$

☐(2)　$a>0$, $b>0$ のとき，$(a+2b)\left(\dfrac{1}{a}+\dfrac{2}{b}\right)\geqq9$

(2)$(a+2b)\left(\dfrac{1}{a}+\dfrac{2}{b}\right)$
$=5+2\left(\dfrac{a}{b}+\dfrac{b}{a}\right)$

⑥ 複素数

解答▶別冊P.6

✎ POINTS

1 複素数の定義

2乗すると-1になる数をiで表し，**虚数単位**という。つまり，$i^2=-1$ となる。

a, bを実数として，$a+bi$ となる数を**複素数**という。複素数 $a+bi$ と $a-bi$ を，互いに**共役な複素数**という。

複素数 $a+bi$ について，aを**実部**，bを**虚部**という。

$b \neq 0$ のとき，複素数 $a+bi$ を**虚数**という。特に，$a=0$, $b \neq 0$ のとき，bi と表し，**純虚数**という。

2 複素数の計算

a, b, c, d が実数のとき，

① $(a+bi)+(c+di)=(a+c)+(b+d)i$　② $(a+bi)-(c+di)=(a-c)+(b-d)i$

③ $(a+bi)(c+di)=(ac-bd)+(ad+bc)i$

④ $\dfrac{c+di}{a+bi}=\dfrac{(c+di)(a-bi)}{(a+bi)(a-bi)}=\dfrac{ac+bd}{a^2+b^2}+\dfrac{ad-bc}{a^2+b^2}i$

3 負の数の平方根

$a>0$ のとき，$\sqrt{-a}=\sqrt{a}\,i$　　特に，$\sqrt{-1}=i$

---

21 次の計算をせよ。

□(1) $(4+3i)+(2-5i)$

□(2) $(-2+3i)-(3+i)$

□(3) $2(3-i)-5(1-2i)$

22 次の計算をせよ。

□(1) $(3-i)(4+5i)$

□(2) $i(1-2i)^2$

□(3) $\dfrac{4-2i}{1+i}$

□(4) $\left(\dfrac{1+i}{\sqrt{2}}\right)^2$

□ **23** i を虚数単位とするとき，$\dfrac{3-i}{(2+i)^2}$ の実部と虚部を求めよ。

✔ Check

↳ **21** ✎ POINTS **2**参照。虚数単位 i を含む文字式と考えて，計算をすればよい。

↳ **22** i を含む文字式と考えて計算し，i^2 が出てきたら，$i^2=-1$ と置き換える。

(3)分母と分子に $1-i$ を掛ける。

↳ **23** ✎ POINTS **1**参照。分母を計算したあと，分母から虚数単位をなくす。

□ **24** a は実数とし，i は虚数単位とする。$\dfrac{2+3i}{a+i}$ が純虚数であるとき，a の値を求めよ。

↳ 24 🖉 POINTS 1 参照。
分母・分子に $a-i$ を掛ける。

25 次の計算をせよ。
□(1) $\sqrt{-25}-\sqrt{-9}$ □(2) $\sqrt{-2}\sqrt{-3}$

↳ 25 (1)$\sqrt{-25}$
$=\sqrt{25}\,i$
$=5i$

□ **26** p と q を実数とする。$i^3+i^2+i+\dfrac{1}{i}+\dfrac{1}{i^2}=p+qi$ であるとき，p と q の値を求めよ。ただし，i は虚数単位とする。

↳ 26 🖉 POINTS 1 参照。
$i^2=-1$ を利用する。

□ **27** i を虚数単位とし，$\alpha=\dfrac{\sqrt{2}\,(-1+i)}{2}$ とする。このとき，α^2 の値と α^{219} の値を求めよ。

↳ 27 α^3, α^4, ……と計算してみて，規則性を見つける。

⑦ 2次方程式の解と判別式

解答 ▸ 別冊P.7

✎ POINTS

1 2次方程式の解法

① $x^2 = a$ の形をつくる。

② 因数分解を利用する。

③ 解の公式を利用する。

2次方程式 $ax^2 + bx + c = 0$ の解は $x = \dfrac{-b \pm \sqrt{b^2 - 4ac}}{2a}$

特に，$b = 2b'$ のとき，つまり，$ax^2 + 2b'x + c = 0$ の解は

$x = \dfrac{-b' \pm \sqrt{b'^2 - ac}}{a}$

2 2次方程式の判別式と解の種類

実数を係数にもつ2次方程式 $ax^2 + bx + c = 0$ について，$D = b^2 - 4ac$ をこの方程式の**判別式**という。$b = 2b'$ のときは，$\dfrac{D}{4} = b'^2 - ac$ を用いる。

㋐ $D > 0 \iff$ 異なる2つの実数解

㋑ $D = 0 \iff$ 重解（実数解）

㋒ $D < 0 \iff$ 異なる2つの虚数解

---

28 次の2次方程式を解け。

☑ Check

↳ **28** ✎ POINTS **1** 参照。

□(1) $x^2 = -1$

□(2) $x^2 - x + 1 = 0$

□(3) $3x^2 - 7x + 6 = 0$

□(4) $(x-2)(x-8) = -10$

□(5) $x^2 - 2\sqrt{2}\,x + 3 = 0$

16

29 次の2次方程式の解の種類を判別せよ。

↳ 29 📎 POINTS ②参照。

☐(1)　$x^2-3x-5=0$

☐(2)　$4x^2-28x+49=0$

☐(3)　$2x^2-x+2=0$

☐ **30**　m は定数とする。次の2次方程式の解の種類を判別せよ。
$$x^2+(m+2)x+m^2=0$$

↳ 30 📎 POINTS ②参照。
判別式を利用して，場合分けをする。

☐ **31**　k を実数の定数とするとき，次の2次方程式が実数解をもつように，k の値の範囲を定めよ。
$$x^2+(3-k)x+k=0$$

↳ 31 判別式を D とするとき，2次方程式が実数解をもつ条件は，$D \geqq 0$ である。

8 解と係数の関係

POINTS

1 2次方程式の解と係数の関係

2次方程式 $ax^2+bx+c=0$ の2つの解を α, β とすると,

$$\alpha+\beta=-\frac{b}{a}, \quad \alpha\beta=\frac{c}{a}$$

2 2次式の因数分解

2次方程式 $ax^2+bx+c=0$ の2つの解を α, β とすると, 左辺は次のように因数分解できる。

$$ax^2+bx+c=a(x-\alpha)(x-\beta)$$

3 2数を解とする2次方程式

2つの数 α, β を解とする2次方程式の1つは,

$$x^2-(\alpha+\beta)x+\alpha\beta=0$$

✅ Check

32 次の2次方程式の2つの解を α, β とするとき, 和 $\alpha+\beta$, 積 $\alpha\beta$ を求めよ。

↳ 32 **⊘ POINTS** 1 参照。

□(1)　$2x^2+8x+4=0$

□(2)　$3x=x^2-2$

33 次の2次式を, 複素数の範囲で因数分解せよ。

□(1)　$3x^2-9x+3$

↳ 33 **⊘ POINTS** 2 参照。
(与式)$=0$ と考え, 解の公式を用いて, 複素数の範囲で解を求める。

□(2)　$2x^2-4x+10$

34 次の2つの数を解とし，x^2 の係数が1の2次方程式をつくれ。 ↪ 34 🖉 POINTS ③参照。

☐(1) 3, -5

☐(2) $3-\sqrt{2}$, $3+\sqrt{2}$

35 2次方程式 $x^2-4x+1=0$ の2つの解を α, β とするとき，次の式の値を求めよ。

☐(1) $\alpha^2+\beta^2$

☐(2) $\alpha^3+\beta^3$

↪ 35 (1)$\alpha^2+\beta^2$
$=(\alpha+\beta)^2-2\alpha\beta$

(2)$\alpha^3+\beta^3$
$=(\alpha+\beta)^3-3\alpha\beta(\alpha+\beta)$

☐ **36** 和が2，積が -48 の条件を満たす2つの数を求めよ。

↪ 36 2数 α, β を解とする2次方程式
$x^2-(\alpha+\beta)x+\alpha\beta=0$
を解けばよい。

37 2次方程式 $x^2-2ax+3-2a=0$ が次のような実数解をもつとき，定数 a の値の範囲を求めよ。

☐(1) 異なる2つの正の解

☐(2) 異符号の解

↪ 37 2つの解を α, β とする。
(1)$\alpha+\beta>0$, $\alpha\beta>0$
また，異なる2つの実数解をもつから，
判別式 $D>0$ である。

(2)$\alpha\beta<0$

❾ 剰余の定理と因数定理

解答 ▶ 別冊P.9

✐ POINTS

1 剰余の定理

① 整式 $P(x)$ を1次式 $x-a$ で割ったときの余りは, $P(a)$

② 整式 $P(x)$ を1次式 $ax+b$ で割ったときの余りは, $P\left(-\dfrac{b}{a}\right)$

2 組立除法

3次式 ax^3+bx^2+cx+d を1次式 $x-k$ で割ったときの商を lx^2+mx+n,
余りを R とすると, 商の係数 l, m, n および余り R は次のように計算できる。

$$l=a \quad m=b+lk \quad n=c+mk \quad R=d+nk$$

上記の方法を, **組立除法**という。

3 因数定理

① 整式 $P(x)$ が1次式 $x-a$ を因数にもつ $\iff P(a)=0$

② 整式 $P(x)$ が1次式 $ax+b$ を因数にもつ $\iff P\left(-\dfrac{b}{a}\right)=0$

---

38 次の整式 $P(x)$ を $Q(x)$ で割ったときの余りを求めよ。

□(1) $P(x)=3x^2-2x+4$, $Q(x)=x-2$

□(2) $P(x)=-8x^3-4x^2+2x+3$, $Q(x)=2x-1$

□(3) $P(x)=x^3-4x^2+3$, $Q(x)=x-1$

✓ Check

↳ 38 ✐ POINTS **1**, **2**
参照。
整式を1次式で割った
ときの余りは, 剰余の
定理で簡単に求められ
る。(2次以上の整式で
割るときは, 別の方法
を併用しなければなら
ない。)

□ **39** x^3-ax^2+bx-2 は，$x-1$ で割り切れ，$x-2$ で割ると 4 余る。このとき，a, b の値を求めよ。

↳ **39** $P(x)$
$=x^3-ax^2+bx-2$ とおくと，$P(1)=0$,
$P(2)=4$ から，a, b の
値を求める。

40 次の問いに答えよ。

□(1) 整式 $P(x)$ を $x+1$ で割った余りが 5，$x-3$ で割った余りが 17 のとき，$P(x)$ を $(x+1)(x-3)$ で割った余りを求めよ。

↳ **40** (1) $P(x)$ を 2 次式 $(x+1)(x-3)$ で割ったときの余りは 1 次式か定数だから，$ax+b$ とおく。
商を $Q(x)$ とおくと，
$P(x)$
$=(x+1)(x-3)Q(x)$
$\quad +ax+b$

□(2) 整式 $P(x)=x^3+ax^2-4x+b$ を x^2+x-2 で割ったとき，余りが $3(x+2)$ である。定数 a, b の値を求めよ。

(2)商を $Q(x)$ とおくと，
$P(x)$
$=(x^2+x-2)Q(x)$
$\quad +3(x+2)$
$=(x+2)(x-1)Q(x)$
$\quad +3(x+2)$
より，
$P(-2)=0$, $P(1)=9$
とわかる。

41 整式 $P(x)$ を $x-3$，$(x+2)(x-1)(x-3)$ で割ったときの余りをそれぞれ a, $R(x)$ とおく。

□(1) $R(x)$ が 1 次式であり，さらに $P(x)$ を $x+2$，$x-1$ で割ったときの余りがそれぞれ -3, 6 であるとき，a の値を求めよ。

↳ **41** $P(x)$ を
$(x+2)(x-1)(x-3)$ で
割った商を $Q(x)$ とすると，$P(x)$
$=(x+2)(x-1)(x-3)$
$\quad \times Q(x)+R(x)$
とおける。
(1)$R(x)$ を $bx+c$ として
式を立てる。

□(2) $R(x)$ の x^2 の係数が 2 であり，さらに $P(x)$ を $(x+2)(x-1)$ で割ったときの余りが $4x-5$ であるとき，a の値を求めよ。

(2)$P(x)$ を $(x+2)(x-1)$ で割ったときの余りは，$R(x)$ を $(x+2)(x-1)$ で割ったときの余りと一致する。

⑩ 高次方程式

🖉 POINTS

1 高次方程式

3次以上の方程式 $P(x)=0$ を**高次方程式**といい，$P(x)$ を2次以下の因数の積に分解するための工夫を行う。

① $P(x)$ の共通な部分を t で置き換えることで，次数を下げる。

② $P(a)=0$ となる a を見つけ，$P(x)$ を $x-a$ で割った商を $Q(x)$ とすれば，因数定理より，$P(x)=(x-a)Q(x)$ となる。

2 高次方程式の解

係数が実数である高次方程式が $x=a+bi$ を解にもつならば，それと共役な複素数 $a-bi$ も方程式の解である。

3 3次方程式の解と係数の関係

3次方程式 $ax^3+bx^2+cx+d=0$ の3つの解を α, β, γ とすると，

$$\alpha+\beta+\gamma=-\frac{b}{a}, \quad \alpha\beta+\beta\gamma+\gamma\alpha=\frac{c}{a}, \quad \alpha\beta\gamma=-\frac{d}{a}$$

✅ Check

42 次の方程式を解け。

↳ 42 🖉 POINTS 1 参照。

□(1) $x^3=-8$

□(2) $2x^4+2x^3-3x^2+x-2=0$

□(3) $(x^2-3x)^2-2(x^2-3x)-8=0$

43 a, b を実数とする。3次方程式 $x^3+ax^2-11x+b=0$ の1つ の解が $3-2i$ のとき，次の問いに答えよ。

↳ 43 ⬤ POINTS 2, 3 参照。
実数解を α とおいて，$3-2i$ とのその共役な複素数，α について解と係数の関係を考える。

□(1) この3次方程式の実数解を求めよ。

□(2) a，b の値を求めよ。

44 3次方程式 $x^3-2x+6=0$ の3つの解を α, β, γ とするとき，次の式の値を求めよ。

↳ 44 ⬤ POINTS 3 参照。
対称式は基本対称式で表すことができる。

□(1) $\alpha^2+\beta^2+\gamma^2$

□(2) $(\alpha-2)(\beta-2)(\gamma-2)$

□(3) $\alpha^3+\beta^3+\gamma^3$

⑪ 点の座標

解答 ▶ 別冊P.10

✎ POINTS

1 2点間の距離

① 数直線上の2点 $A(a)$, $B(b)$ 間の距離 AB は,

$AB = |b - a|$

② 座標平面上の2点 $A(x_1, y_1)$, $B(x_2, y_2)$ 間の距離 AB は,

$AB = \sqrt{(x_2 - x_1)^2 + (y_2 - y_1)^2}$

特に, 原点 O と点 $A(x_1, y_1)$ との距離は, $OA = \sqrt{x_1{}^2 + y_1{}^2}$

2 分 点

① 座標平面上の2点 $A(x_1, y_1)$, $B(x_2, y_2)$ に対して,

㋐ 線分 AB を $m : n$ の比に内分する点の座標は,

$$\left(\frac{nx_1 + mx_2}{m+n}, \ \frac{ny_1 + my_2}{m+n} \right)$$

特に, $m = n$ のとき中点となり, その座標は, $\left(\dfrac{x_1 + x_2}{2}, \ \dfrac{y_1 + y_2}{2} \right)$

㋑ 線分 AB を $m : n$ の比に外分する点の座標は,

$$\left(\frac{-nx_1 + mx_2}{m-n}, \ \frac{-ny_1 + my_2}{m-n} \right)$$

② 3点 $A(x_1, y_1)$, $B(x_2, y_2)$, $C(x_3, y_3)$ を頂点とする △ABC の重心の座標は,

$$\left(\frac{x_1 + x_2 + x_3}{3}, \ \frac{y_1 + y_2 + y_3}{3} \right)$$

45 次の数直線上の2点 A, B 間の距離を求めよ。

☑ Check

↳ 45 ✎ POINTS 1 参照。

☐(1) $A(1)$, $B(5)$　　　　☐(2) $A(-3)$, $B(6)$

46 3点 $A(0, -1)$, $B(4, 1)$, $C(2, 5)$ について, 次の問いに答えよ。

↳ 46 ✎ POINTS 1, 2 参照。

☐(1) 2点間の距離 AB と BC を求めよ。

第1章
第2章
第3章
第4章
第5章
第6章

□(2)　線分 AB を 3 : 1 の比に内分する点 P，3 : 1 の比に外分する
　　　点 Q の座標を求めよ。

□(3)　△ABC の重心の座標を求めよ。

□(4)　△ABC はどんな三角形か答えよ。

(4)(1)と同様に，距離 CA も求めて判断する。直角かどうかは，三平方の定理の逆で調べる。

47　2 点 A$(-1, 4)$，B$(3, 2)$について，次の問いに答えよ。

□(1)　点 B に関して，点 A と対称な点 P の座標を求めよ。

↳ 47 (1)線分 AP の中点が点 B である。

□(2)　2 点 A，B から等距離にある x 軸上の点 Q の座標を求めよ。

(2)点 Q は $(x, 0)$ とおけて，AQ=BQ である。

⑫ 直線の方程式

解答 ▶ 別冊P.11

✏ POINTS

1 直線の方程式

① 点 (x_1, y_1) を通り，傾き m の直線の方程式は，$y - y_1 = m(x - x_1)$

② 異なる 2 点 (x_1, y_1)，(x_2, y_2) を通る直線の方程式は，

$x_1 \neq x_2$ のとき，$\boldsymbol{y - y_1 = \dfrac{y_2 - y_1}{x_2 - x_1}(x - x_1)}$ （x 軸に垂直でない直線）

$x_1 = x_2$ のとき，$\boldsymbol{x = x_1}$ （x 軸に垂直な直線）

2 2 直線の関係

2 直線 $y = m_1 x + n_1$，$y = m_2 x + n_2$ の関係が，

平行 $\iff$ $\boldsymbol{m_1 = m_2}$ （注 2 直線が一致するときも平行であるとみなす）

垂直 $\iff$ $\boldsymbol{m_1 m_2 = -1}$

3 点と直線の距離

点 (x_1, y_1) と直線 $ax + by + c = 0$ の距離は，$\dfrac{|ax_1 + by_1 + c|}{\sqrt{a^2 + b^2}}$

✔ **Check**

48 次の直線の方程式を求めよ。

↪ 48 ✏ POINTS 1 参照。

□(1) 点 $(-2, 1)$ を通り，傾き 3 の直線

□(2) 2 点 $(-2, -1)$，$(3, 9)$ を通る直線

□(3) 2 点 $(-2, 1)$，$(-2, 3)$ を通る直線

(3) 2 点の x 座標が等しいことに注意する。

□ **49** 2 点 A$(4, 0)$，B$(0, 3)$ を通る直線を ℓ とするとき，x 軸に関して ℓ と対称な直線の方程式を求めよ。

↪ 49 2 点 A，B を x 軸に関して対称に移動させる。

50 点 $(-1, 2)$ を通り，次の直線に平行な直線，垂直な直線を ↳ **50** 🖉 **POINTS** ②参照。
それぞれ求めよ。

☐(1) $y=2x+5$

☐(2) $2x+3y-2=0$

(2)$y=mx+n$ の形に直
してから考える。

☐ **51** 直線 $kx+2y=3$ が直線 $3x+ky=3$ に平行になるように，
定数 k の値を定めよ。

↳ **51** それぞれの直線の
傾きを考える。

☐ **52** 2 点 A$(-2, -1)$，B$(6, 3)$ を結ぶ線分 AB の垂直二等分
線の方程式を求めよ。

↳ **52** 求める直線は線分
AB に垂直であり，線
分 AB の中点を通る。

□ **53** 直線 $\ell : 2x-y-1=0$ に関して，点 A$(3,\ -1)$ と対称な点 B の座標を求めよ。

↳ **53** 点 B は次の2つの条件を満たす。
㋐AB⊥ℓ
㋑線分 AB の中点は，直線 ℓ 上にある。

54 次の点 A と直線 ℓ の距離を求めよ。

↳ **54** 📎 POINTS ③ 参照。

□(1) A$(-1,\ 3)$, $\ell : 3x+4y+1=0$

□(2) A$(5,\ -2)$, $\ell : y=2x+1$

55 点 A$(-4,\ 0)$, 点 B$(0,\ -2)$ と，放物線 $y=x^2$ 上の点 C を結んで，△ABC をつくる。

↳ **55** (1)直線 AB と点 C の距離を求める。

□(1) 点 C の座標を$(t,\ t^2)$としたとき，△ABC の面積を t を用いて表せ。

□(2) △ABC の面積の最小値を求めよ。

(2) 2 次関数の最小値を求める。

⑬ 円の方程式

解答 ▶ 別冊P.12

✏ POINTS

1 円の方程式

中心が (a, b) で，半径 r の円の方程式は， $(x-a)^2+(y-b)^2=r^2$

特に，原点が中心で，半径 r の円の方程式は， $x^2+y^2=r^2$

56 次の円の方程式を求めよ。

↳ 56 ✏ POINTS 1 参照。

□(1) 中心が $(3, 4)$，半径 5

□(2) 中心が原点で，半径 3

□(3) 中心が $(1, -2)$ で，点 $(4, 2)$ を通る。

(3) $(x-1)^2+(y+2)^2=r^2$ とおける。

57 次の方程式はどのような図形を表すか。

□(1) $x^2+y^2+6x+8y+21=0$

↳ 57 与式を
$(x-a)^2+(y-b)^2=c$
と変形したとき，
$c>0$ のときは，円
$c=0$ のときは，点
を表す。
$c<0$ のときは，いかなる図形も表さない。

□(2) $x^2+y^2-4y-5=0$

□ **58** 3点 $(-2, -4)$, $(3, 1)$, $(-6, 4)$ を通る円の方程式を求めよ。

↳ 58 円の方程式を
$x^2+y^2+lx+my+n$
$=0$
として，3点の座標を代入する。

⑭ 円と直線

解答 ▶ 別冊P.13

📎 POINTS

1 円と直線の位置関係

円と直線の位置関係を調べるには，次の2つの方法がよく用いられる。

（方法1）　円と直線の方程式を連立して得られる2次方程式の判別式を D とすると，

⑦ $D>0 \iff$ 異なる2点で交わる（共有点2個）

④ $D=0 \iff$ 接する（共有点1個）

⑦ $D<0 \iff$ 共有点をもたない（共有点0個）

（方法2）　円の中心から直線までの距離 d と円の半径 r とを比べる。

⑦ $d<r \iff$ 異なる2点で交わる（共有点2個）

④ $d=r \iff$ 接する（共有点1個）

⑦ $d>r \iff$ 共有点をもたない（共有点0個）

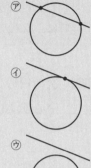

2 円の接線

円 $x^2+y^2=r^2$ 上の点 $(x_1,\ y_1)$ における接線の方程式は，$x_1x+y_1y=r^2$

✅ Check
↳ 59 📎 POINTS 1 参照。

59 次の円と直線の共有点の個数を求めよ。

☐(1)　$x^2+y^2=9$，$y=x+4$

☐(2)　$(x-1)^2+(y-2)^2=4$，$3x+4y=1$

□ **60** 円 $x^2+y^2=1$ と直線 $y=kx-3$ が異なる2点で交わるとき，↪ 60 ◎ POINTS 1 参照。 k の値の範囲を求めよ。

□ **61** 円 $x^2+y^2=5$ 上の点 $(-1, 2)$ における接線の方程式を求め ↪ 61 ◎ POINTS 2 参照。 よ。

□ **62** 傾きが3で，円 $x^2+y^2=25$ に接する直線の方程式を求めよ。

↪ 62 求める直線を，
$y=3x+k$ とおいて，
◎ POINTS 1 の方法1
か方法2の接する条件
を利用する。

□ **63** 点 $(-4, -8)$ から円 $x^2+y^2=16$ に引いた接線の方程式を 求めよ。

↪ 63 接点を (x_1, y_1) と
するとき，接線の方程
式は，$x_1x+y_1y=16$
となる。
点 $(-4, -8)$ を通るから，
$-4x_1-8y_1=16$
これと $x_1{}^2+y_1{}^2=16$
を連立して，(x_1, y_1)
を求めればよい。

⑮ 2つの円

解答 ▶ 別冊P.14

✎ POINTS

1 2つの円の位置関係

半径がそれぞれ r, r' の2つの円の中心を，C，C' とし，その間の距離を d とする。

ただし，$r>r'$ とする。このとき，2つの円 C，C' の位置関係と d, r, r' の関係は次のように表される。

① 互いに外部にある
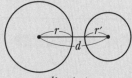
$d>r+r'$

② 外接する
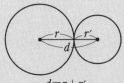
$d=r+r'$

③ 2点で交わる
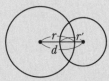
$r-r'<d<r+r'$

④ 内接する

$d=r-r'$

⑤ 一方が他方の内部にある

$d<r-r'$

2 2つの円の共有点

2つの円の共有点をもつとき，その共有点の座標は，2つの円を表す方程式を連立した連立方程式の実数解として求めることができる。

---

64 円 $x^2+y^2=9$ と次の円の位置関係を調べよ。

□(1) $(x+3)^2+(y-4)^2=4$　　□(2) $(x-4)^2+(y-4)^2=12$

✓ Check

↳ 64 ✎ POINTS 1 参照。
円の中心の座標，半径，中心間の距離を求める。

65 次の問いに答えよ。

□(1) 中心が点 $(3, -4)$ である円 C と，円 $x^2+y^2=4$ が外接するとき，円 C の方程式を求めよ。

↳ 65 ✎ POINTS 1 参照。
②を利用する。

□(2) 中心が点 $(3, -6)$ である円 C と，円 $x^2+y^2=5$ が内接する
とき，円 C の方程式を求めよ。

(2) POINTS 1 参照。④を利用する。

□ **66** 2つの円 $x^2+y^2=20$，$x^2+y^2-3x-y-10=0$ の共有点の座
標を求めよ。

↳ 66 POINTS 2 参照。

□ **67** 2つの円 $x^2+y^2-6x-4y+9=0$，$x^2+y^2-2y-9=0$ の2つ
の交点と原点を通る円の方程式を求めよ。

↳ 67
$k(x^2+y^2-6x-4y+9)$
$+(x^2+y^2-2y-9)=0$
として，$x=0$，$y=0$ を
代入して考える。

68 次の2つの円

$$x^2+y^2=1 \quad \cdots\cdots① , \quad x^2+y^2-2kx+3k=0 \quad \cdots\cdots②$$

について，次の問いに答えよ。ただし，k は定数とする。

□(1) ②が円の方程式を表すための k の値の範囲を求めよ。

↳ 68 (1)②を x，y につい
てそれぞれ平方の形に
する。

□(2) さらに，円①，②が異なる2つの共有点をもつとき，k の値
の範囲を求めよ。

(2)①−②をして，
x を k で表し，異なる2
つの共有点をもつため
の条件を考える。

□(3) $k=4$ のとき，円①，②の共通接線の方程式をすべて求めよ。

(3)点と直線の距離の公
式を利用する。円の中
心と直線の距離が半径
に等しくなる。

⑯ 軌跡と方程式

POINTS

1 軌跡の求め方

① 条件を満たす点 P を $(x,\ y)$ として，条件を x と y の関係式で表す。

② ①で求めた図形上の任意の点は，与えられた条件を満たすことを示す。

注 ②が明らかなときは，省略されることもある。

2 軌跡の答え方

① 「軌跡を求めよ。」のときは，結果を図形的に答える。

例 2 点 A$(4,\ 0)$，B$(-2,\ 0)$ に対し，PA^2＋PB^2＝20 を満たす点 P の軌跡は，中心が点 $(1,\ 0)$，半径 1 の円

② 「軌跡の方程式を求めよ。」のときは，結果を図形の方程式で答える。

例 2 点 A$(4,\ 0)$，B$(-2,\ 0)$ に対し，PA^2＋PB^2＝20 を満たす点 P の軌跡の方程式は，$(x-1)^2+y^2=1$

☑ **69** 2 点 A$(-2,\ 1)$，B$(4,\ -3)$ から等距離にある点 P の軌跡を求めよ。

Check

↳ 69 POINTS 1 ， 2 参照。

☑ **70** 2 点 A$(-3,\ 0)$，B$(2,\ 0)$ からの距離の比が 3：2 である点 P の軌跡を求めよ。

↳ 70 AP：BP＝3：2

$\iff$ 2AP＝3BP

$\iff$ 4AP^2＝9BP^2

71 点 Q が円 $(x-2)^2+y^2=36$ 上を動くとき，点 A$(0，-4)$ に対し，線分 AQ の中点 P の軌跡を求める。

↪ **71** (1) 2 点 $(s，t)$，$(0，-4)$ を結ぶ線分の中点が $(x，y)$ である。

□(1) P$(x，y)$，Q$(s，t)$ として，$s，t$ をそれぞれ $x，y$ の式で表せ。

□(2) 点 P の軌跡を求めよ。

(2)点 $(s，t)$ が円周上の点であることから，s と t の関係式が求められる。

□ **72** 直線 $y=2x+5$ と点 A$(3，1)$ がある。点 Q がこの直線上を動くとき，線分 AQ の中点 P の軌跡を求めよ。

↪ **72** 軌跡を求めたいほうの点 P を $(x，y)$ とおき，点 Q は $(s，t)$ とおく。線分 AQ の中点が P であることから，$(x，y)$ と $(s，t)$ の関係式をつくり，$t=2s+5$ に代入して，x と y の関係式を導く。

⓱ 不等式の表す領域

解答▶別冊P.16

📝 POINTS

1 不等式の表す領域

① $y>ax+b$ の表す領域は，直線 $y=ax+b$ の **上側の部分**

　$y<ax+b$ の表す領域は，直線 $y=ax+b$ の **下側の部分**

② $(x-a)^2+(y-b)^2<r^2$ の表す領域は，円 $(x-a)^2+(y-b)^2=r^2$ の **内部**

　$(x-a)^2+(y-b)^2>r^2$ の表す領域は，円 $(x-a)^2+(y-b)^2=r^2$ の **外部**

③ 連立不等式の表す領域は，各不等式の表す領域の **共通部分**　注 ≧や≦ならば，境界線を含む。

2 領域と最大・最小

領域における $ax+by$ の最大値・最小値の求め方は，

① 与えられた不等式の表す領域を図示する。

② $ax+by=k$ とおき，その表す図形が①の領域と共有点をもつように動かして，k の最大値・最小値を求める。

---

73 次の不等式の表す領域を図示せよ。

✅ **Check**

↳ **73** 📝 POINTS 1 参照。
求める領域に斜線を引く。境界線を含むかどうかを明示すること。

□(1)　$y>2x+1$

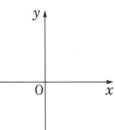

□(2)　$y<-x+2$

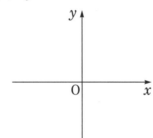

□(3)　$x^2+y^2<5$

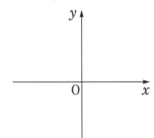

□(4)　$(x+1)^2+(y-2)^2\geqq4$

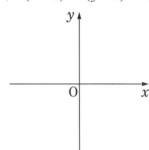

74 次の不等式の表す領域を図示せよ。 ↳ 74 ⊘ POINTS 1 参照。

□(1) $\begin{cases} 2x+y>5 \\ x-2y>4 \end{cases}$

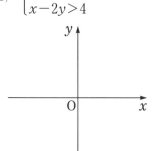

□(2) $\begin{cases} y\geqq -x+1 \\ x^2+y^2\leqq 9 \end{cases}$

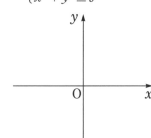

□(3) $\begin{cases} x^2+y^2-4y>0 \\ x^2+y^2-6x-2y+1<0 \end{cases}$

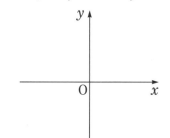

□(4) $(x-y)(x^2+y^2-4)\leqq 0$

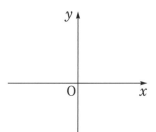

75 次の連立不等式の表す領域を D とするとき, 次の問いに答えよ。 ↳ 75 ⊘ POINTS 2 参照。

$x+2y\geqq 4$, $2x+y\leqq 14$, $x-y\geqq -2$, $y\geqq 0$

□(1) 領域 D を図示せよ。

□(2) 点 (x, y) が領域 D 内を動くとき, $x+3y$ の最大値と最小値を求めよ。

(2)$x+3y=k$ とおく。各境界線の傾きに注目すれば, どの点を通るときに, k が最大や最小になるかがわかる。

⓲ 一般角と弧度法

解答 ▶ 別冊P.17

🖊 POINTS

1 一般角

① 平面上で，点 O を中心として半直線 OP を回転させるとき，この半直線 OP を**動径**といい，最初の位置を示す半直線 OX を**始線**という。

② 動径の回転において，左回りを**正の向き**，右回りを**負の向き**という。また，正の向きの回転の角を**正の角**，負の向きの回転の角を**負の角**という。負の角には −30° のように "−" をつけて表す。

③ 回転の向きと大きさを表す量として拡張した角を**一般角**という。

2 動径の表す角

動径 OP と始線 OX のなす角の 1 つを α とすると，動径 OP の表す角は

$\alpha + 360° \times n$ （n は整数）

と表される。

3 弧度法

半径 1 の円において，長さが a である弧に対する中心角を，**a ラジアン**または **a 弧度**とする角の表し方を**弧度法**という。弧度法では，単位を省略することが多い。

$180° = \pi$ ラジアン

4 扇形の弧の長さと面積

半径 r，中心角 θ（ラジアン）の扇形の弧の長さ l，面積 S は，

$$l = r\theta \qquad S = \frac{1}{2}r^2\theta = \frac{1}{2}lr$$

---

76 次の角の動径を図示せよ。

☑Check

↳ 76 🖊 POINTS **1** 参照。
分度器を利用する。

☐(1) 315°　　　　　　　　　☐(2) −150°

$\overline{\text{O} \qquad \text{X}}$　　　　$\overline{\text{O} \qquad \text{X}}$

☐(3) 510°　　　　　　　　　☐(4) −675°

$\overline{\text{O} \qquad \text{X}}$　　　　$\overline{\text{O} \qquad \text{X}}$

□ **77** 次の角のうち，その動径が $30°$ の動径と一致するものはどれか。

$$210°, \quad 570°, \quad 750°, \quad -30°, \quad -330°, \quad -450°$$

↳ 77 🖉 POINTS 2 参照。
$\alpha + 360° \times n$ に当てはめる。

78 次の角を弧度法で表せ。

□(1) $75°$ □(2) $240°$

□(3) $-210°$ □(4) $315°$

↳ 78 🖉 POINTS 3 参照。
$1° = \dfrac{\pi}{180}$ ラジアンである。

79 次の角を度数法で表せ。

□(1) $\dfrac{7}{4}\pi$ □(2) $\dfrac{9}{5}\pi$

□(3) $-\dfrac{5}{2}\pi$ □(4) $\dfrac{7}{12}\pi$

↳ 79 🖉 POINTS 3 参照。
1ラジアン $= \dfrac{180°}{\pi}$ である。

80 次のような扇形の弧の長さと面積を求めよ。

□(1) 半径が6，中心角が $120°$

□(2) 半径が4，中心角が $\dfrac{2}{5}\pi$

□(3) 半径が6，中心角が $\dfrac{7}{6}\pi$

↳ 80 🖉 POINTS 4 参照。
$(1) l = 2\pi r \cdot \dfrac{\text{中心角}}{360°}$

$S = \pi r^2 \cdot \dfrac{\text{中心角}}{360°}$

を利用。

⑲ 三角関数

解答▶別冊P.17

✎ POINTS

1 一般角の三角関数

① 座標平面で x 軸の正の部分を**始線**とし，角 θ の**動径**を OP とする。
P の座標が (x, y)，OP=1 とするとき，

$$\sin\theta = y \qquad \cos\theta = x \qquad \tan\theta = \frac{y}{x} \quad (\tan\theta は x \neq 0 で定義する)$$

② $-1 \leqq \sin\theta \leqq 1 \qquad -1 \leqq \cos\theta \leqq 1$

さらに，三角関数の値の符号と角 θ の関係を図
示すると，右の図のようになる。

2 三角関数の相互関係

$$\sin^2\theta + \cos^2\theta = 1 \qquad \tan\theta = \frac{\sin\theta}{\cos\theta}$$

$$1 + \tan^2\theta = \frac{1}{\cos^2\theta}$$

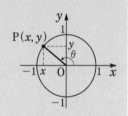

✔ Check

81 次の角 θ に対して，$\sin\theta$，$\cos\theta$，$\tan\theta$ の値を求めよ。

↳ 81 ✎ POINTS **1** 参照。

□(1) $\theta = \dfrac{2}{3}\pi$ 　　　　　□(2) $\theta = \dfrac{5}{6}\pi$

82 次の問いに答えよ。

↳ 82 ✎ POINTS **2** 参照。

□(1) θ が第 2 象限の角で，$\cos\theta = -\dfrac{4}{5}$ のとき，$\sin\theta$，$\tan\theta$ の
値を求めよ。

(1)θが第2象限の角だから，
$\sin\theta > 0$，$\tan\theta < 0$
である。

□(2) θ が第 4 象限の角で，$\tan\theta = -3$ のとき，$\sin\theta$，$\cos\theta$ の値
を求めよ。

(2)θが第4象限の角だから，
$\sin\theta < 0$，$\cos\theta > 0$
である。

83 次の等式を証明せよ。

□(1) $(\tan\theta+\cos\theta)^2-(\tan\theta-\cos\theta)^2=4\sin\theta$

↳ 83 ✎ POINTS ②参照。
(1)かっこ内を計算したあと,

$$\tan\theta=\frac{\sin\theta}{\cos\theta}$$

を代入してみる。

□(2) $\dfrac{\cos^2\theta-\sin^2\theta}{1+2\sin\theta\cos\theta}=\dfrac{1-\tan\theta}{1+\tan\theta}$

(2)$\sin^2\theta+\cos^2\theta=1$ を利用する。

84 $\pi<\theta<2\pi$ で,$\sin\theta+\cos\theta=\dfrac{1}{3}$ のとき,次の値を求めよ。

□(1) $\sin\theta\cos\theta$

↳ 84 (1)$\sin\theta+\cos\theta=\dfrac{1}{3}$ の両辺を2乗する。

□(2) $\sin\theta-\cos\theta$

(2)$(\sin\theta-\cos\theta)^2$ を計算する。

第1章 第2章 第3章 第4章 第5章 第6章

⑳ 三角関数の性質

✒ POINTS

1 三角関数の性質

① n を整数とするとき,

$$\sin(\theta+2n\pi)=\sin\theta \qquad \cos(\theta+2n\pi)=\cos\theta \qquad \tan(\theta+2n\pi)=\tan\theta$$

② $\sin(-\theta)=-\sin\theta \qquad \cos(-\theta)=\cos\theta \qquad \tan(-\theta)=-\tan\theta$

③ $\sin(\theta+\pi)=-\sin\theta \qquad \cos(\theta+\pi)=-\cos\theta \qquad \tan(\theta+\pi)=\tan\theta$

$\quad\;\; \sin(\pi-\theta)=\sin\theta \qquad \cos(\pi-\theta)=-\cos\theta \qquad \tan(\pi-\theta)=-\tan\theta$

④ $\sin\left(\theta+\dfrac{\pi}{2}\right)=\cos\theta \qquad \cos\left(\theta+\dfrac{\pi}{2}\right)=-\sin\theta \qquad \tan\left(\theta+\dfrac{\pi}{2}\right)=-\dfrac{1}{\tan\theta}$

$\quad\;\; \sin\left(\dfrac{\pi}{2}-\theta\right)=\cos\theta \qquad \cos\left(\dfrac{\pi}{2}-\theta\right)=\sin\theta \qquad \tan\left(\dfrac{\pi}{2}-\theta\right)=\dfrac{1}{\tan\theta}$

✔ Check

85 θ が次の値のとき, $\sin\theta$, $\cos\theta$, $\tan\theta$ の値を, それぞれ求めよ。

↳ 85 ✒ POINTS 1 参照。

$$\dfrac{13}{6}\pi=\dfrac{\pi}{6}+2\pi$$
$$\sin(-\theta)=-\sin\theta$$
$$\cos(-\theta)=\cos\theta$$
$$\tan(-\theta)=-\tan\theta$$

☐(1) $\dfrac{13}{6}\pi$ 　　　　　☐(2) $-\dfrac{\pi}{4}$

86 次の三角関数の値を, 鋭角の三角関数で表し, その値を求めよ。

↳ 86 ✒ POINTS 1 参照。

☐(1) $\sin 150°$ 　　　　　☐(2) $\cos(-30°)$

☐(3) $\cos\dfrac{5}{3}\pi$ 　　　　　☐(4) $\sin\dfrac{17}{6}\pi$

☐(5) $\cos\left(-\dfrac{7}{6}\pi\right)$ 　　　　　☐(6) $\tan\left(-\dfrac{5}{3}\pi\right)$

87 次の式を簡単にせよ。

□(1)　$\sin\left(\theta+\dfrac{\pi}{2}\right)+\sin(-\theta)+\cos\left(\dfrac{\pi}{2}-\theta\right)+\cos(\pi-\theta)$

□(2)　$\cos\left(\theta+\dfrac{\pi}{2}\right)\sin(\theta+\pi)-\sin\left(\theta+\dfrac{\pi}{2}\right)\cos(\theta+\pi)$

□(3)　$\tan(\theta+\pi)+\tan\left(\theta+\dfrac{\pi}{2}\right)+\tan\left(\dfrac{\pi}{2}-\theta\right)+\tan(\pi-\theta)$

↳ 87　⊘ POINTS 1 の三角関数の性質を用いて，式変形する。

88 次の式の値を求めよ。

□(1)　$\cos^2(60°+\theta)+\cos^2(30°-\theta)$

□(2)　$\sin\dfrac{20}{3}\pi\tan\left(-\dfrac{11}{6}\pi\right)+\cos\left(-\dfrac{4}{3}\pi\right)\tan\dfrac{15}{4}\pi$

↳ 88　⊘ POINTS 1 参照。さらに三角比の相互関係を利用して，式変形する。

□ **89** $\alpha+\beta+\gamma=180°$ のとき，次の等式を証明せよ。

$$\sin\dfrac{\alpha+\beta}{2}=\cos\dfrac{\gamma}{2}$$

↳ 89　⊘ POINTS 1 を利用する。
$\alpha+\beta=180°-\gamma$

㉑ 三角関数のグラフ

解答▶別冊P.19

📝 POINTS

1 三角関数のグラフ

① $y=\sin x$ のグラフは**原点対称**で，原点を通る。周期は 2π

② $y=\cos x$ のグラフは **y 軸対称**で，点 $(0,\ 1)$ を通る。周期は 2π

③ $y=\tan x$ のグラフは**原点対称**で，原点を通る。周期は π

2 奇関数と偶関数

関数 $y=f(x)$ において，

① $f(-x)=-f(x)$ が常に成り立つとき，$f(x)$ は**奇関数**

② $f(-x)=f(x)$ が常に成り立つとき，$f(x)$ は**偶関数**

3 三角関数の周期

① 関数 $y=\sin k\theta$，$y=\cos k\theta$ は周期がともに $\dfrac{2\pi}{k}$

② 関数 $y=\tan k\theta$ は周期が $\dfrac{\pi}{k}$

---

90 次の三角関数のグラフをかけ。

□(1) $y=2\sin\theta$

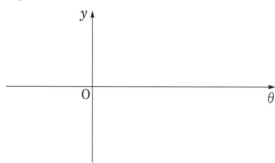

□(2) $y=\cos\dfrac{\theta}{2}$

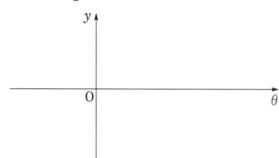

✅ Check

↳ 90 📝 POINTS **1**，**3** 参照。

(1)$y=\sin\theta$ のグラフを，y 軸方向に 2 倍に拡大したもの。周期は 2π である。

(2)$y=\cos\theta$ のグラフを，θ 軸方向に 2 倍に拡大したもの。周期は $2\pi\div\dfrac{1}{2}=4\pi$ である。

□(3)　$y=\tan\left(\theta+\dfrac{\pi}{4}\right)$

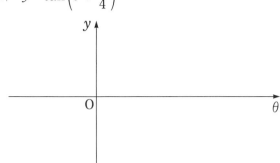

(3)$y=\tan\theta$ のグラフを，θ 軸方向に $-\dfrac{\pi}{4}$ だけ平行移動したもの。周期は π である。

□(4)　$y=2\sin\left(\theta-\dfrac{\pi}{3}\right)$

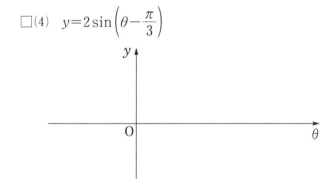

(4)$y=\sin\theta$ のグラフを，θ 軸方向に $\dfrac{\pi}{3}$ だけ平行移動し，y 軸方向へ 2 倍に拡大したもの。周期は 2π である。

91 次の関数は奇関数か偶関数のどちらであるか答えよ。

□(1)　$y=2x^4$　　　　　　　□(2)　$y=x^3-3x$

□(3)　$y=2\sin x$　　　　　　□(4)　$y=-\cos x$

↳ **91** ⊘ **POINTS** ☐2 参照。
右辺を $f(x)$ とおいて $-x$ を代入する。

㉒ 三角関数を含む方程式・不等式

解答 ▸ 別冊P.20

📝 POINTS

1 三角関数を含む方程式・不等式

$0 \leqq \theta < 2\pi$ のとき，それぞれの解は，次のとおり。

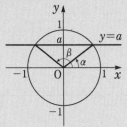 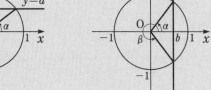 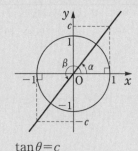

① $\sin\theta = a$

$\Longrightarrow \theta = \alpha, \ \beta$

② $\sin\theta > a \ (a>0)$

$\Longrightarrow \alpha < \theta < \beta$

$\cos\theta = b$

$\Longrightarrow \theta = \alpha, \ \beta$

$\cos\theta > b$

$\Longrightarrow 0 \leqq \theta < \alpha, \ \beta < \theta < 2\pi$

$\tan\theta = c$

$\Longrightarrow \theta = \alpha, \ \beta$

$\tan\theta > c \ (c>0)$

$\Longrightarrow \alpha < \theta < \dfrac{\pi}{2}, \ \beta < \theta < \dfrac{3}{2}\pi$

---

92 $0 \leqq \theta < 2\pi$ のとき，次の方程式を解け。

□(1) $\sin\theta = -\dfrac{1}{\sqrt{2}}$

□(2) $\cos\theta = \dfrac{1}{2}$

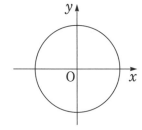

□(3) $\tan\theta + \dfrac{1}{\sqrt{3}} = 0$

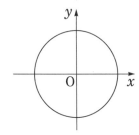

□(4) $2\sin\theta + \sqrt{3} = 0$

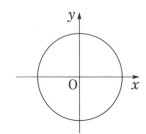

✅ **Check**

↳ **92** 📝 **POINTS** **1** 参照。
単位円（半径1の円）で
考えるとよい。
$\sin\theta$の値はy座標に，
$\cos\theta$の値はx座標に現
れる。$\tan\theta$の値は，底
辺が1の直角三角形の
高さとなることを利用
する。

93 $0 \leqq \theta < 2\pi$ のとき，次の不等式を解け。

↳ 93 🖉 POINTS 1 参照。

☐(1) $\sin\theta > \dfrac{\sqrt{3}}{2}$

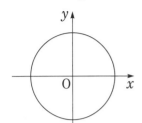

☐(2) $\cos\theta \leqq -\dfrac{1}{\sqrt{2}}$

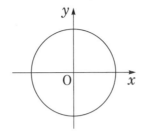

☐(3) $\tan\theta > 1$

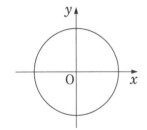

☐(4) $2\sin\left(\theta - \dfrac{\pi}{3}\right) \leqq 1$

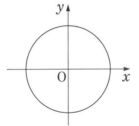

(4)$\theta - \dfrac{\pi}{3} = A$ とおき，

$\sin A \leqq \dfrac{1}{2}$ を解いてか

ら θ に戻す。

94 $0 \leqq \theta < 2\pi$ のとき，次の方程式，不等式を解け。

☐(1) $2\sin^2\theta + \sin\theta - 1 = 0$

↳ 94 因数分解を利用する。
(1)(左辺)
$= (2\sin\theta - 1)(\sin\theta + 1)$

☐(2) $2\cos^2\theta - 1 \geqq 0$

(2)$2\cos^2\theta \geqq 1$ と変形して考える。

㉓ 加法定理

解答 ▶ 別冊P.21

POINTS

1 加法定理

① $\sin(\alpha+\beta)=\sin\alpha\cos\beta+\cos\alpha\sin\beta$　　$\sin(\alpha-\beta)=\sin\alpha\cos\beta-\cos\alpha\sin\beta$

② $\cos(\alpha+\beta)=\cos\alpha\cos\beta-\sin\alpha\sin\beta$　　$\cos(\alpha-\beta)=\cos\alpha\cos\beta+\sin\alpha\sin\beta$

③ $\tan(\alpha+\beta)=\dfrac{\tan\alpha+\tan\beta}{1-\tan\alpha\tan\beta}$　　$\tan(\alpha-\beta)=\dfrac{\tan\alpha-\tan\beta}{1+\tan\alpha\tan\beta}$

2 直線の傾きと $\tan\theta$

直線 $y=mx+n$ が x 軸の正の方向となす角を θ とするとき,

$m=\tan\theta$

95 次の値を求めよ。

□(1)　$\sin 165°$

□(2)　$\cos\dfrac{\pi}{12}$

□(3)　$\tan\dfrac{5}{12}\pi$

□**96** α, β がともに鋭角で, $\cos\alpha=\dfrac{4}{5}$, $\cos\beta=\dfrac{5}{13}$ のとき,

$\sin(\alpha+\beta)$ の値を求めよ。

✔Check

↳ **95** POINTS **1** 参照。

三角関数の値のわかっている2つの角の加減で表す。角の選び方は1通りとは限らない。

(1)$165°=120°+45°$

(2)$\dfrac{\pi}{12}=\dfrac{\pi}{4}-\dfrac{\pi}{6}$

(3)$\dfrac{5}{12}\pi=\dfrac{\pi}{4}+\dfrac{\pi}{6}$

↳ **96** $\sin^2\theta+\cos^2\theta=1$ により $\sin\alpha$, $\sin\beta$ を求めて, POINTS **1** ①を利用する。
α, β が鋭角だから, $\sin\alpha>0$, $\sin\beta>0$ であることに注意する。

□ **97** α が鋭角，β が鈍角で，$\sin\alpha=\dfrac{2}{3}$，$\sin\beta=\dfrac{2\sqrt{2}}{3}$ のとき，$\cos(\alpha+\beta)$ の値を求めよ。

↳ 97 ✐ POINTS 1 ② 参照。

α が鋭角，β が鈍角だから，
$\cos\alpha>0$，$\cos\beta<0$ であることに注意する。

98 次の 2 直線のなす角 $\theta\left(0\leqq\theta<\dfrac{\pi}{2}\right)$ を求めよ。

□(1) $y=-3x$，$y=2x$

↳ 98 2 つの直線と x 軸の正方向とのなす角をそれぞれ α，β とすると，$\tan\alpha$，$\tan\beta$ はそれぞれ，直線の傾きと一致する。
2 直線のなす角は $\alpha-\beta$ だから，✐ POINTS 1 ③ を利用して，$\tan(\alpha-\beta)$ を求める。

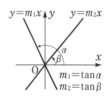

□(2) $y=-\dfrac{1}{2}x+3$，$y=\dfrac{1}{3}x+1$

㉔ 2倍角の公式

解答▶別冊P.22

📝 POINTS

1 2倍角の公式

$$\sin 2\alpha = 2\sin\alpha\cos\alpha \qquad \cos 2\alpha = \cos^2\alpha - \sin^2\alpha \qquad \tan 2\alpha = \frac{2\tan\alpha}{1-\tan^2\alpha}$$
$$= 2\cos^2\alpha - 1$$
$$= 1 - 2\sin^2\alpha$$

2 半角の公式

$$\sin^2\frac{\alpha}{2} = \frac{1-\cos\alpha}{2} \qquad \cos^2\frac{\alpha}{2} = \frac{1+\cos\alpha}{2} \qquad \tan^2\frac{\alpha}{2} = \frac{1-\cos\alpha}{1+\cos\alpha}$$

99 $\pi < \alpha < \dfrac{3}{2}\pi$ で $\sin\alpha = -\dfrac{\sqrt{5}}{3}$ のとき，次の値を求めよ。

□(1)　$\sin 2\alpha$　　　　　□(2)　$\cos 2\alpha$

□(3)　$\sin\dfrac{\alpha}{2}$　　　　　□(4)　$\cos\dfrac{\alpha}{2}$

□(5)　$\tan\dfrac{\alpha}{2}$

□ **100** 次の等式が成り立つことを証明せよ。

$$\frac{\cos\theta - \sin 2\theta}{\cos 2\theta + \sin\theta - 1} = \frac{\cos\theta}{\sin\theta}$$

✅ Check

↳ **99** $\sin^2\alpha + \cos^2\alpha = 1$ より，まず $\cos\alpha$ を求める。$\pi < \alpha < \dfrac{3}{2}\pi$ より，$\cos\alpha < 0$

(1)(2) 📝 POINTS 1 参照。
(3)(4) 📝 POINTS 2 参照。

$\dfrac{\pi}{2} < \dfrac{\alpha}{2} < \dfrac{3}{4}\pi$ より，

$\sin\dfrac{\alpha}{2} > 0$，$\cos\dfrac{\alpha}{2} < 0$ である。

↳ **100** 左辺の $\sin 2\theta$，$\cos 2\theta$ を $\sin\theta$，$\cos\theta$ で表す。

101 次の問いに答えよ。

□(1) $\cos\theta + \sin\theta = \dfrac{1}{5}$ $\left(-\dfrac{\pi}{4} < \theta < 0\right)$ のとき，$\cos 2\theta$ の値を求めよ。

□(2) $\sin\theta - \cos\theta = \dfrac{1}{3}$ $\left(0 \le \theta \le \dfrac{\pi}{2}\right)$ のとき，$\sin\theta\cos\theta$ および $\cos 2\theta$ の値を求めよ。

↳ 101 ⊘ POINTS 1 参照。
与えられた式の両辺を 2 乗して ⊘ POINTS を利用する。

102 次の方程式・不等式を解け。

□(1) $2\cos 2\theta + 4\cos\theta + 3 = 0$ $(0 \le \theta < 2\pi)$

↳ 102 (1) ⊘ POINTS 1 参照。
$\cos\theta$ の 2 次方程式として考える。

□(2) $\sqrt{2}\cos 2\theta + (\sqrt{2}-1)(\sqrt{2}\cos\theta + 1) = 0$ $(0 < \theta < \pi)$

(2) ⊘ POINTS 1 参照。

□(3) $\sin 2\theta - \sin\theta + 4\cos\theta \le 2$ $(0 \le \theta \le 2\pi)$

(3) ⊘ POINTS 1 参照。

㉕ 三角関数の合成

解答 ▶ 別冊P.23

✎ POINTS

1 三角関数の合成

$$a\sin\theta + b\cos\theta = \sqrt{a^2+b^2}\sin(\theta+\alpha)$$

$$\left(\text{ただし, } \sin\alpha = \frac{b}{\sqrt{a^2+b^2}}, \ \cos\alpha = \frac{a}{\sqrt{a^2+b^2}}\right)$$

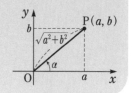

✔ **Check**

103 次の式を $r\sin(\theta+\alpha)$ の形に変形せよ。ただし，$r>0$，$-\pi<\alpha<\pi$ とする。

↳ 103 ✎ POINTS 1 参照。

☐(1) $\sqrt{3}\sin\theta + \cos\theta$

☐(2) $\sin\theta - \cos\theta$

104 次の方程式・不等式を解け。ただし，$0\leqq\theta<2\pi$ とする。

↳ 104 ✎ POINTS 1 参照。

☐(1) $\sin\theta + \cos\theta = \sqrt{2}$

☐(2) $\sin2\theta - \cos2\theta = 1$

☐(3) $\sin\theta + \sqrt{3}\cos\theta < 1$

105 次の関数の最大値と最小値，およびそのときの x の値を求めよ。 ↳ 105 ⏺ POINTS 1 参照。

□(1) $y=\sqrt{3}\sin x-\cos x \quad (0\leqq x<2\pi)$

□(2) $y=\dfrac{4}{1+\tan^2 x}+2\sin^2 x+2\sqrt{3}\sin x\cos x \quad \left(\dfrac{\pi}{12}\leqq x\leqq\dfrac{5}{12}\pi\right)$

(2)三角関数の相互関係，2倍角の公式を利用。
$1+\tan^2\theta=\dfrac{1}{\cos^2\theta}$
$\cos 2\theta=2\cos^2\theta-1$
$\qquad =1-2\sin^2\theta$
$\sin 2\theta=2\sin\theta\cos\theta$

106 $f(x)=a(\sin x+\cos x)-\sin x\cos x \quad (0\leqq x\leqq\pi)$ について，次の問いに答えよ。 ↳ 106 (1)三角関数の合成を利用する。

□(1) $t=\sin x+\cos x \quad (0\leqq x\leqq\pi)$ とおくとき，t の値のとりうる範囲を求めよ。

□(2) 関数 $f(x)$ の最大値が 5 になるような定数 a の値を求めよ。 (2) ⏺ POINTS 1 参照。
$\sin x\cos x$ は
$t=\sin x+\cos x$ の両辺を2乗して求める。

26 指数の拡張

解答▶別冊P.25

✎ POINTS

1 指数の拡張

$a \neq 0$ で，n が正の整数のとき，

$$a^0 = 1 \qquad a^{-n} = \frac{1}{a^n} \qquad 特に，a^{-1} = \frac{1}{a}$$

2 累乗根

① $a > 0$，$b > 0$ で，l，m，n が正の整数のとき，

$$(\sqrt[n]{a})^n = a \quad \sqrt[n]{a}\sqrt[n]{b} = \sqrt[n]{ab} \quad \frac{\sqrt[n]{a}}{\sqrt[n]{b}} = \sqrt[n]{\frac{a}{b}} \quad (\sqrt[n]{a})^m = \sqrt[n]{a^m} \quad \sqrt[m]{\sqrt[n]{a}} = \sqrt[mn]{a} \quad \sqrt[n]{a^m} = \sqrt[ln]{a^{lm}}$$

② $a > 0$ で，m が整数，n が正の整数のとき，

$$a^{\frac{m}{n}} = \sqrt[n]{a^m} = (\sqrt[n]{a})^m \qquad 特に，a^{\frac{1}{n}} = \sqrt[n]{a}$$

3 指数法則

$a > 0$，$b > 0$ で，p，q が実数のとき，

$$a^p a^q = a^{p+q} \qquad \frac{a^p}{a^q} = a^{p-q} \qquad (a^p)^q = a^{pq} \qquad (ab)^p = a^p b^p$$

✓ Check

107 次の値を求めよ。

☐(1) 2^0

☐(2) 3^{-2}

↳ 107 (1)(2) ✎ POINTS 1 参照。

☐(3) $\sqrt[3]{64}$

☐(4) $\sqrt[5]{-32}$

(3)~(6) ✎ POINTS 2 参照。

☐(5) $\sqrt[4]{\sqrt{3^8}}$

☐(6) $(\sqrt[3]{5})^6$

☐(7) $81^{0.75}$

☐(8) $27^{-\frac{1}{3}}$

(7)(8) ✎ POINTS 3 参照。

108 $a>0$ のとき，次の式を計算せよ。

↳ 108 ✎ POINTS 1, 3
参照。

□(1) $a^{\frac{1}{2}}a^{\frac{1}{6}}$ □(2) $a^{\frac{3}{4}} \div a^{\frac{1}{3}}$

□(3) $a^4(a^{-2})^3$ □(4) $\sqrt[4]{a^3} \div a^{\frac{2}{3}}$

(3)$(a^{-2})^3 = a^{-2 \times 3} = a^{-6}$

(4)$\sqrt[4]{a^3} = a^{\frac{3}{4}}$ のように，
指数を用いた表現に直
してから計算する。

109 $a>0$，$b>0$ のとき，次の式を計算せよ。

□(1) $\sqrt{a} \times \sqrt[3]{a^2} \div \sqrt[6]{a^5}$

↳ 109 (1)$\sqrt{a} = \sqrt[2]{a} = a^{\frac{1}{2}}$,
$\sqrt[3]{a^2} = a^{\frac{2}{3}}$, $\sqrt[6]{a^5} = a^{\frac{5}{6}}$
のように指数を用いた
表現に直して，指数法
則 (✎ POINTS 3) を利
用する。

□(2) $\sqrt[3]{\sqrt{a}} \times \sqrt[4]{a^3}$

(2)$\sqrt[3]{\sqrt{a}} = \sqrt[3 \times 2]{a} = \sqrt[6]{a}$
$= a^{\frac{1}{6}}$

□(3) $(a^{-\frac{1}{2}}b^{\frac{1}{3}}) \times (ab^{-1})^2 \div (a^{\frac{1}{2}}b^{-1})$

□(4) $(a^{\frac{3}{2}}+b^{\frac{1}{2}})(a^{\frac{3}{2}}-b^{\frac{1}{2}})$

(4)(与式)
$= (a^{\frac{3}{2}})^2 - (b^{\frac{1}{2}})^2$

㉗ 指数関数

解答▶別冊P.25

✐ POINTS

1 指数関数

指数関数 $y=a^x$ の**定義域は実数全体，値域は正の数全体**である。（ただし，$a>0$, $a\neq1$）
そのグラフは点 $(0,\ 1)$ を必ず通る。x 軸が漸近線となる。

① $a>1$ のとき

単調に増加

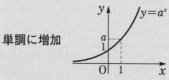

② $0<a<1$ のとき

単調に減少

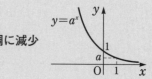

2 指数関数を含む方程式・不等式

① $a^x=a^p \iff x=p$

② $a>1$ のとき，　$a^x>a^p \iff x>p$

　$0<a<1$ のとき，$a^x>a^p \iff x<p$

---

110 次の関数のグラフをかけ。

↳110 ✐ POINTS 1 参照。

□(1)　$y=3^x$

□(2)　$y=9\left(\dfrac{1}{3}\right)^x$

(2)$y=9\left(\dfrac{1}{3}\right)^x=\left(\dfrac{1}{3}\right)^{x-2}$
であるから，$y=\left(\dfrac{1}{3}\right)^x$
のグラフとの位置関係
を考える。

✔ **Check**

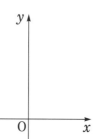

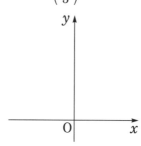

□ **111** 次の数を小さいほうから順に並べよ。

$$1,\ 3^{\frac{1}{3}},\ 3^{-3},\ 3^{\frac{3}{2}}$$

↳**111** 底 3 は 1 より大き
いから，指数の大きい
ほうが大きい。
$1=3^0$ である。

□ **112** 次の数を小さいほうから順に並べよ。

$$\frac{1}{4}, \ \frac{1}{\sqrt{2}}, \ \sqrt[3]{4}, \ \sqrt[4]{2}$$

↳ **112** 底をそろえてから大小を考える。

113 次の方程式を解け。

□(1)　$2^x = 64$

□(2)　$25^{\frac{x}{2}} = \dfrac{1}{125}$

↳ **113**  ② ① 参照。

□(3)　$2^{2x} - 5 \cdot 2^x + 4 = 0$

(3) $2^x = t$ とおけば，t の2次方程式となる。
このとき，$t > 0$ であることに注意する。

114 次の不等式を解け。

□(1)　$2^x > 32$

□(2)　$\left(\dfrac{1}{3}\right)^x \geqq \dfrac{1}{27}$

↳ **114** ② ② 参照。

□(3)　$\left(\dfrac{1}{4}\right)^x - 3\left(\dfrac{1}{2}\right)^x - 4 \leqq 0$

(3) $\left(\dfrac{1}{2}\right)^x = t$ とおき，t の2次不等式により，t の範囲を求める。次に t の範囲から，x の範囲を求めるが，このとき，不等号の向きに注意する。

㉘ 対数とその性質

解答 ▶ 別冊P.26

✎ POINTS

1 対数の定義

$a^r = R \iff r = \log_a R$　（ただし，$a > 0$，$a \neq 1$，$R > 0$）

2 対数の性質

$a > 0$，$a \neq 1$，$R > 0$，$S > 0$，t が実数のとき，

① $\log_a a = 1$　　$\log_a 1 = 0$

② $\log_a RS = \log_a R + \log_a S$　　$\log_a \dfrac{R}{S} = \log_a R - \log_a S$　　$\log_a R^t = t \log_a R$

③ 底の変換公式　$\log_a b = \dfrac{\log_c b}{\log_c a}$　（$a > 0$，$b > 0$，$c > 0$，$a \neq 1$，$b \neq 1$，$c \neq 1$）

　　特に，$\log_a b = \dfrac{1}{\log_b a}$

④ $a^{\log_a R} = R$

✓ Check

115 次の値を求めよ。

☐(1)　$\log_5 5$

☐(2)　$\log_3 1$

↳ 115 (1)(2) ✐ POINTS 2 ①参照。

☐(3)　$\log_2 32$

☐(4)　$\log_4 2$

(3)～(5) ✐ POINTS 2 ② 参照。

☐(5)　$\log_{\sqrt{3}} 9$

☐(6)　$\log_4 32$

(6)底を 2 に変換する。 ✐ POINTS 2 ③参照。

116 次の式を計算せよ。

☐(1)　$\log_6 9 + \log_6 4$

☐(2)　$\log_2 240 - \log_2 15$

↳ 116 ✐ POINTS 2 ②参 照。

□(3) $\log_3 4 - 2\log_3 5 + \log_3 125$

(3)(与式)$=\log_3\dfrac{4\cdot5^3}{5^2}$

□(4) $3\log_4\sqrt{2} + \dfrac{1}{2}\log_4 3 - \log_4\sqrt{6}$

(4)(与式)$=\log_4\dfrac{(\sqrt{2})^3\cdot3^{\frac{1}{2}}}{\sqrt{6}}$

117 次の式を計算せよ。

↳ 117 🖉 POINTS 2 ③参照。

□(1) $\log_8 9 \cdot \log_9 5 \cdot \log_5 4$

(1)底を 2 にそろえる。

$\log_8 9 = \dfrac{\log_2 9}{\log_2 8}$

$\log_9 5 = \dfrac{\log_2 5}{\log_2 9}$

$\log_5 4 = \dfrac{\log_2 4}{\log_2 5}$

(2)底を 2 にそろえる。

□(2) $\log_{\sqrt{2}} 27 - \log_2 9 + \log_{\frac{1}{2}} 81$

□(3) $(\log_3 25 + \log_9 5)(\log_5 9 + \log_{25} 3)$

(3)前半 2 項は底を 3 に, 後半 2 項は底を 5 にそろえる。

□ **118** $3^{4\log_3 2}$ を簡単にせよ。

↳ 118 🖉 POINTS 2 ④参照。

29 対数関数

解答 ▸ 別冊P.27

POINTS

1 対数関数

対数関数 $y=\log_a x$ の**定義域は正の数全体，値域は実数全体**である。(ただし，$a>0$，$a \neq 1$)
そのグラフは点 (1，0) を必ず通る。y 軸が漸近線となる。
$y=\log_a x$ と $y=a^x$ のグラフは，直線 $y=x$ に関して対称である。

① $a>1$ のとき

単調に増加

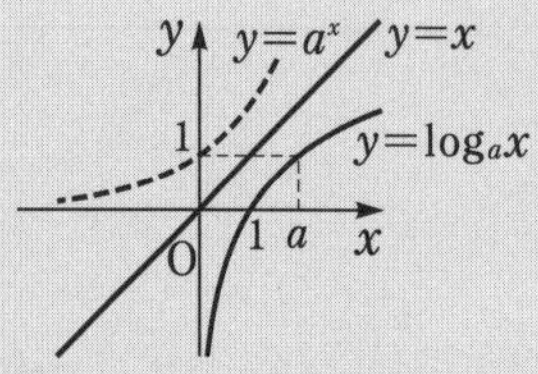

② $0<a<1$ のとき

単調に減少

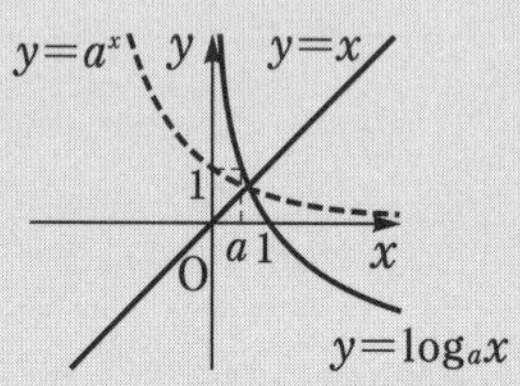

2 対数関数を含む方程式・不等式

① $\log_a x=\log_a R \iff x=R$
② $a>1$ のとき，　$\log_a x>\log_a R \iff x>R$
　$0<a<1$ のとき，$\log_a x>\log_a R \iff 0<x<R$

119 次の関数のグラフをかけ。

□(1)　$y=\log_2 x$

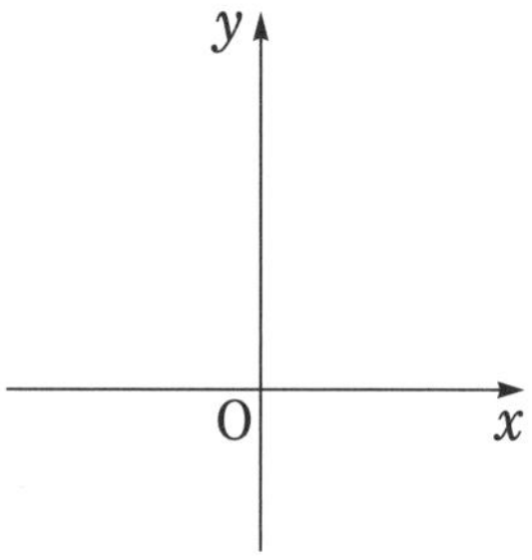

□(2)　$y=\log_{\frac{1}{2}} 2x$

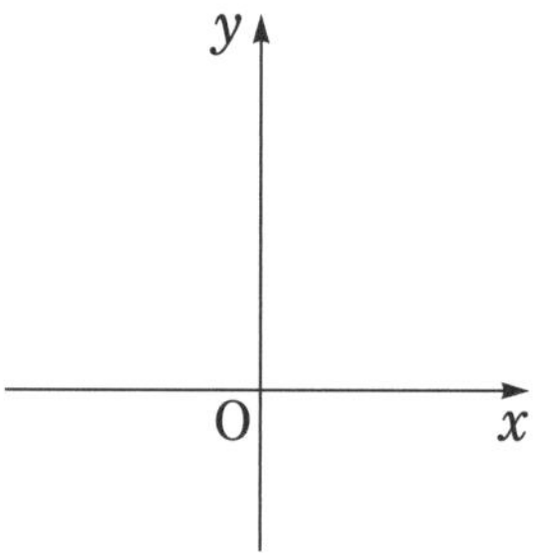

Check

↳119 POINTS 1 参照。
(2)$\log_{\frac{1}{2}} 2x$
$=\log_{\frac{1}{2}} 2+\log_{\frac{1}{2}} x$

□ **120** 次の数を小さいほうから順に並べよ。

$$\log_3 5,\ \log_3 \frac{1}{5},\ 1$$

↳120 底3は1より大きいから，真数の大きいほうが大きい。
$1=\log_3 3$ である。

□ **121** 次の数を小さいほうから順に並べよ。

$$\log_9 4, \quad \frac{1}{2}, \quad \log_{\frac{1}{3}} 8$$

↳ **121** 底を 3 にそろえて，真数の大小で判断する。

122 次の方程式を解け。

□(1) $\log_4 2x = 3$

□(2) $\log_{10}(x+2) + \log_{10}(x+5) = 1$

□(3) $(\log_3 x)^2 - \log_3 x^2 - 3 = 0$

↳ **122** ⬚ **POINTS** $\boxed{2}$①参照。

はじめに，真数条件を考える。

(1)対数の定義から求める。

$\log_a R = r \Longleftrightarrow R = a^r$

(2)真数条件より，

$x+2 > 0$ かつ $x+5 > 0$

つまり，$x > -2$ で考える。

(3)$\log_3 x = t$ とおき，t の 2 次方程式を解く。

$(\log_3 x)^2 = t^2$

$\log_3 x^2 = 2\log_3 x = 2t$

123 次の不等式を解け。

□(1) $\log_{\frac{1}{2}} x > 2$

□(2) $\log_2(x+1) > \log_2(2-x)$

□(3) $\log_2(x-1) + \log_2(x+1) < 3$

↳ **123** ⬚ **POINTS** $\boxed{2}$②参照。

はじめに，真数条件を考える。

(1)底 $\frac{1}{2}$ は 1 より小さいから，単調に減少する。

(3)式を変形する前に，必ず真数条件を確認する。

③ 常用対数

解答▶別冊P.28

✐ POINTS

1 常用対数

① 10 を底とする対数を**常用対数**という。

② 正の数 N が $N = a \times 10^n$ （$1 \leqq a < 10$, n は整数）と表されるとき,

$\log_{10} N = n + \log_{10} a$ （ただし, $0 \leqq \log_{10} a < 1$）

2 桁数と小数

① $N \geqq 1$ のとき,

N の整数部分が n 桁 $\iff 10^{n-1} \leqq N < 10^n \iff n-1 \leqq \log_{10} N < n$

② $0 < N < 1$ のとき,

小数第 n 位に初めて 0 でない数字が現れる $\iff 10^{-n} \leqq N < 10^{-n+1} \iff -n \leqq \log_{10} N < -n+1$

---

124 $\log_{10} 2.63 = 0.42$ とするとき, 次の値を求めよ。

☐(1) $\log_{10} 26.3$　　　　☐(2) $\log_{10} 2630$

☐(3) $\log_{10} 0.263$

✓ Check

↳ 124 ✐ POINTS 1 参照。

(1) $26.3 = 2.63 \times 10$

(2) $2630 = 2.63 \times 10^3$

(3) $0.263 = 2.63 \times 10^{-1}$

---

125 $\log_{10} 2 = 0.3010$, $\log_{10} 3 = 0.4771$ とするとき, 次の値を求めよ。

☐(1) $\log_{10} 6$　　　　☐(2) $\log_{10} 24$

☐(3) $\log_{10} 2.5$　　　　☐(4) $\log_6 \sqrt{2}$

↳ 125 (1) $6 = 2 \times 3$

(2) $24 = 2^3 \times 3$

(3) $2.5 = \dfrac{10}{4}$

(4) $\log_6 \sqrt{2}$

$= \dfrac{\log_{10} \sqrt{2}}{\log_{10} 6}$

$= \dfrac{\dfrac{1}{2} \log_{10} 2}{\log_{10} 2 + \log_{10} 3}$

126 $\log_{10} 2 = 0.3010$, $\log_{10} 3 = 0.4771$ とするとき,次の問いに答えよ。

↪ **126** ◯ POINTS 2 参照。
(1)$\log_{10} 2^{50}$ を計算する。

□(1) 2^{50} は何桁(なんけた)の数か。

□(2) 6^{30} は何桁の数か。

(2)$\log_{10} 6^{30}$
$= 30 \log_{10} 6$
$= 30 (\log_{10} 2 + \log_{10} 3)$

□(3) $\left(\dfrac{1}{2}\right)^{100}$ を小数で表したとき,小数第何位に初めて 0 でない数字が現れるか。

(3)$\log_{10} \left(\dfrac{1}{2}\right)^{100}$
$= \log_{10} 2^{-100}$
$= -100 \log_{10} 2$

□ **127** $\log_{10} 3 = 0.4771$ として,不等式 $(0.9)^n < 0.001$ を満たす最小の自然数 n を求めよ。

↪ **127** 両辺の常用対数をとって,
$\log_{10} (0.9)^n < \log_{10} 0.001$
とし,
$n \log_{10} \dfrac{9}{10} < \log_{10} 10^{-3}$

□ **128** 厚さが 0.08 mm の大きな紙があり,何回でも折ることが可能であるとする。この紙を最低何回折り重ねれば,厚さが 100 m 以上となるか。$\log_{10} 2 = 0.3010$ とする。

↪ **128** $1\,\text{mm} = 10^{-3}\text{m}$
だから,
$0.08\,\text{mm} = 8 \times 10^{-5}\text{m}$
n 回折り重ねれば,
$(8 \times 10^{-5} \times 2^n)\,\text{m}$
となる。

㉛ 微分係数

解答▶別冊P.29

📝 POINTS

1 平均変化率

関数 $y=f(x)$ において，x の値が a から b まで変化するとき，x の変化量に対する，y の変化量 $f(b)-f(a)$ の割合である $\dfrac{f(b)-f(a)}{b-a}$ を，x が a から b まで変化するときの関数 $f(x)$ の**平均変化率**という。

2 微分係数

関数 $y=f(x)$ において，$\lim\limits_{x \to a}\dfrac{f(x)-f(a)}{x-a}$ を $x=a$ における**微分係数**といい，$f'(a)$ と書く。

$$f'(a)=\lim_{x \to a}\frac{f(x)-f(a)}{x-a}=\lim_{h \to 0}\frac{f(a+h)-f(a)}{h}$$

3 関数の極限

関数 $y=f(x)$ において，x が a と異なる値をとりながら a に限りなく近づくとき，$f(x)$ が一定の値 b に限りなく近づくならば，b を $x \to a$ のときの $f(x)$ の**極限値**といい，次のように書く。

$$\lim_{x \to a}f(x)=b \quad \text{または} \quad x \to a \text{ のとき，} f(x) \to b$$

4 関数の極限値の性質

関数の極限値について，次のことが成り立つ。

$\lim\limits_{x \to a}f(x)=\alpha$, $\lim\limits_{x \to a}g(x)=\beta$ とする。

① $\lim\limits_{x \to a}kf(x)=k\alpha$ 　　ただし k は定数

② $\lim\limits_{x \to a}\{f(x)+g(x)\}=\alpha+\beta$, $\lim\limits_{x \to a}\{f(x)-g(x)\}=\alpha-\beta$

③ $\lim\limits_{x \to a}\{kf(x)+gl(x)\}=k\alpha+l\beta$ 　　ただし k, l は定数

④ $\lim\limits_{x \to a}f(x)g(x)=\alpha\beta$

⑤ $\lim\limits_{x \to a}\dfrac{f(x)}{g(x)}=\dfrac{\alpha}{\beta}$ 　　ただし $\beta \neq 0$

✓ Check

129 x が a から b まで変化するとき，次の関数の平均変化率を求めよ。

↳ 129 📝 POINTS 1 参照。

□(1) $y=2x$ 　　　　　　□(2) $y=3x^2-1$

130 次の関数の与えられた範囲における平均変化率を求めよ。

□(1) $f(x)=-2x+6$ $(2 \leqq x \leqq 3)$

□(2) $f(x)=x^2-2x$ $(-1 \leqq x \leqq 3)$

□(3) $f(x)=x^2+2$ $(a \leqq x \leqq a+1)$

↳ 130 ⊘ POINTS 1 参照。
範囲 $a \leqq x \leqq b$ における
平均変化率は, x の a か
ら b までの平均変化率
と考える。

131 次の関数の与えられた x の値における微分係数を定義に従っ
て求めよ。

□(1) $f(x)=-x^2+2x-5,\ x=-1$

□(2) $f(x)=x^3-2x^2,\ x=1$

↳ 131 ⊘ POINTS 2 参照。
定義に従って微分係数
を求めるとは,
⊘ POINTS 2 の式を利
用して求めるというこ
とである。

132 次の極限値を求めよ。

□(1) $\displaystyle \lim_{x \to 1} \frac{2x+1}{2x-5}$ 　　　　□(2) $\displaystyle \lim_{x \to 2} \frac{x^2-3x+2}{x^2-2x}$

□(3) $\displaystyle \lim_{x \to 3} \frac{1}{x-3}\left(1-\frac{3}{x}\right)$

↳ 132 ⊘ POINTS 3 , 4
参照。

32 導関数

✎ POINTS

1 導関数の定義

x の値 a に，微分係数 $f'(a)$ を対応させる関数を**導関数**といい，$f'(x)$ と書く。

$$f'(x) = \lim_{h \to 0} \frac{f(x+h)-f(x)}{h}$$

2 導関数の公式

① $y = x^n$（n は自然数）のとき，$y' = nx^{n-1}$

② $y = c$（c は定数）のとき，$y' = 0$

③ $y = kf(x) + lg(x)$（k, l は定数）のとき，$y' = kf'(x) + lg'(x)$

□ **133** 関数 $f(x) = 2x^2 + 3x + 4$ を定義に従って微分せよ。

✅ Check

↳ 133 ✎ POINTS 1 参照。
$f(x)$ の導関数 $f'(x)$ を
求めることを，$f(x)$ を
微分するという。

134 次の関数を微分せよ。

□(1) $y = 4x - 2$

□(2) $y = -5x^2 + 6x + 1$

↳ 134 公式 ✎ POINTS 2
を用いて求める。

□(3) $y = x^3 - 2x + 4$

□(4) $y = (2x+3)(x-4)$

□(5) $y = (2x+1)^3$

□ **135** $f(x)=x^3+3x^2-4x+2$ について，微分係数 $f'(1)$ を求めよ。

135 公式を用いて導関数を求める。
その $f'(x)$ に $x=1$ を代入して，$f'(1)$ を求める。

□ **136** 次の条件をすべて満たす2次関数 $f(x)$ を求めよ。
$$f(2)=-2, \qquad f'(0)=-5, \qquad f'(1)=-1$$

136 公式 ⊘ POINTS 2 を用いて求める。
$f(x)=ax^2+bx+c$ とおいて，条件をあてはめる。

□ **137** 関数 $f(x)=x^3-2x^2-x+1$ は，$x=1$ から $x=2$ まで変化するときの平均変化率が微分係数 $f'(a)$ に等しいとする。このとき，a の値を求めよ。ただし，$1<a<2$ とする。

137 平均変化率は x が a から b まで変化するときの，$\dfrac{f(b)-f(a)}{b-a}$ を利用する。
$f'(a)$ は公式を利用する。

□ **138** 関数 $f(x)=x^3+ax^2+bx+1$ について，
$3f(x)-xf'(x)=2x+3$ がすべての x の値について成り立つとき，a, b の値を求めよ。ただし a, b は実数の定数とする。

138 $f'(x)$ は公式を利用する。
$f(x)$, $f'(x)$ に代入後，恒等式として係数を比較する。

33 接　線

解答 ▸ 別冊P.30

POINTS

1 接　線

曲線 $y=f(x)$ 上の点 $(a,\ f(a))$ における接線の傾きは，微分係数 $f'(a)$ である。この接線は点 $(a,\ f(a))$ を通るから，接線の方程式は，

$\boldsymbol{y-f(a)=f'(a)(x-a)}$

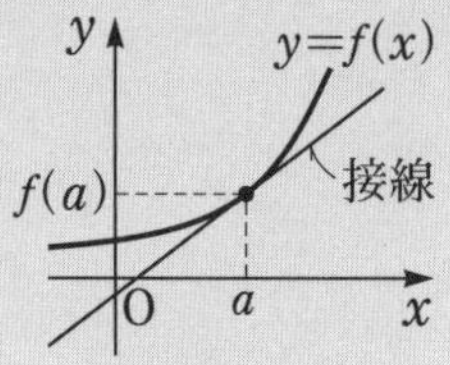

Check

□ **139** 曲線 $y=2x^2$ 上の点 $(3,\ 18)$ における接線の方程式を求めよ。

↳ 139 POINTS 1 参照。

□ **140** 曲線 $y=-x^3+2x^2-1$ について，傾きが1である接線の方程式を求めよ。

↳ 140 接点の座標が与えられていないので，接点の x 座標を a とおくと，接線の傾きは，$y'=-3x^2+4x$ に $x=a$ を代入して，$-3a^2+4a=1$ となる。

□ **141** 曲線 $y=x^2-2x+4$ に点 $(2,\ 0)$ から引いた接線の方程式を求めよ。

↳ 141 接点の座標を $(a,\ a^2-2a+4)$ とおくと，$y'=2x-2$ だから，接線の方程式は，$y-(a^2-2a+4)=(2a-2)(x-a)$

㉞ 関数の値の変化

解答 ▶ 別冊P.30

🖉 POINTS

1 関数の増減

関数 $f(x)$ について，ある区間で，

⑦ 常に $f'(x)>0$ ならば，$f(x)$ はその区間で**単調に増加**

④ 常に $f'(x)<0$ ならば，$f(x)$ はその区間で**単調に減少**

⑨ 常に $f'(x)=0$ ならば，$f(x)$ はその区間で**定数**

2 関数の極大・極小

① 関数 $f(x)$ が $x=a$ で極値 (極大値または極小値) をとる $\implies f'(a)=0$

② $f'(x)$ の符号が $x=a$ の前後で正から負に変わるとき，$f(a)$ は**極大値**

　$f'(x)$ の符号が $x=a$ の前後で負から正に変わるとき，$f(a)$ は**極小値**

3 関数のグラフ

関数 $y=f(x)$ のグラフをかくときは，増減と極値を求め，対称性の有無に注目し，軸との交点などを調べる。

4 最大値・最小値

整式で表された関数の区間 $a\leqq x\leqq b$ における最大値・最小値は，この区間での関数の極大値，極小値，$f(a)$，$f(b)$ を比べて求めればよい。他の区間においても，この方法に準じる。

---

142 次の関数の極値を求め，また，そのグラフをかけ。

☐(1) $y=x^3-3x+1$

☐(2) $y=-2x^3-3x^2+12x$

✅ Check

↳ 142 🖉 POINTS 2 参照。

$y'=0$ となる x の値を求めて増減表をかき，極値を答える。

グラフをかく際には，$y'=0$ となる点では，接線の傾きが0になっていることを意識すること。y 軸との交点は必ず記入する。x 軸との交点は簡単に求められるときだけでよい。

□ (3)　$y = x^3 - 3x^2 + 3x - 6$

(3) y' の符号が
正 → 0 → 負　または，
負 → 0 → 正　とならな
ければ，極値はない。
$y' = 0$　となる点であっ
ても，極値をとるとは
限らない。

□ **143**　$x = 0$ で極大値 0，$x = 1$ で極小値 −4 をとる 3 次関数 $f(x)$ を求めよ。

↳ 143 $f(x)$
$= ax^3 + bx^2 + cx + d$
$(a \neq 0)$ とおくと，
$x = 0$，1 で極値をとる
から，
$f'(0) = f'(1) = 0$
また，
$f(0) = 0$，$f(1) = -4$
の 4 条件により，a, b, c,
d を決定する。
a，b，c，d が求まった
あと，増減表をかいて，
「$f(x)$ が $x = 0$ で極大，
$x = 1$ で極小」となるこ
とを示すこと。

144 次の関数の最大値と最小値を求めよ。

☐(1)　$f(x)=x^3-3x^2-9x+2$　$(-2\leqq x\leqq 4)$

↳ 144 ✐ POINTS 4 参照。
(1) $-2\leqq x\leqq 4$ の区間で，極大値，極小値，$f(-2)$，$f(4)$ の値を比べて，最大値と最小値を求める。増減表は，$-2\leqq x\leqq 4$ の部分に限定してよい。

☐(2)　$f(x)=-x^3+6x^2-9x+1$　$(0\leqq x\leqq 5)$

☐ **145** 縦 10 cm，横 16 cm の長方形の紙の四隅から，等しい正方形を切り取り，残りでふたのない直方体の箱を作る。箱の容積の最大値を求めよ。

↳ 145 切り取る正方形の 1 辺の長さを x cm とし，箱の容積を V cm³ とする。このとき，$0<x<5$ となる。

㉟ 関数のグラフと方程式・不等式

🖉 POINTS

1 方程式への応用

① 方程式 $f(x)=0$ の実数解は，曲線 $y=f(x)$ と x 軸との共有点の x 座標である。

② 方程式 $g(x)=h(x)$ の実数解は，2曲線 $y=g(x)$ と $y=h(x)$ との共有点の x 座標である。

2 不等式への応用

不等式 $g(x)>h(x)$ を証明するには，$f(x)=g(x)-h(x)$ とおいて，($f(x)$ の最小値)>0 であることを示す。

✓ Check

146 次の方程式の異なる実数解の個数を求めよ。

↳ 146 🖉 POINTS 1 ①参照。

□(1) $x^3-3x^2-9x+10=0$

□(2) $2x^3+3x^2-12x-20=0$

□ **147** $x \geqq 0$ のとき，不等式 $x^3-3x^2-9x+27 \geqq 0$ が成り立つことを証明せよ。

↳ 147 🖉 POINTS 2 参照。

□ **148** $x \geqq 0$ のとき，不等式 $x^3-3>3(x^2-3)$ が成り立つことを証明せよ。

↪ **148** $x \geqq 0$ において，$f(x)=x^3-3-3(x^2-3)$ の最小値を求める。

□ **149** k を定数とするとき，次の方程式の異なる実数解の個数を求めよ。

$$2x^3-3x^2-6x+3=6x+k$$

↪ **149** 与式は $2x^3-3x^2-12x+3=k$ となるから，$y=2x^3-3x^2-12x+3$ のグラフと直線 $y=k$ との共有点の個数で考える。

□ **150** 点 $(2, a)$ から曲線 $y=x^3$ へ3本の接線が引けるような，定数 a の値の範囲を求めよ。

↪ **150** 点 (t, t^3) における接線の方程式をつくり，$x=2$, $y=a$ を代入する。そこで得られた t の方程式が異なる3つの実数解をもつ条件を求める。

36 不定積分

解答▸別冊P.32

POINTS

1 不定積分

① 関数 $f(x)$，$F(x)$ に対して，

$F'(x)=f(x)$ のとき，$\displaystyle\int f(x)\,dx=F(x)+C$ （C は積分定数）

と表し，$f(x)$ の**不定積分**という。不定積分を求めることを，$f(x)$ を**積分する**という。

② $\displaystyle\int x^n\,dx=\frac{1}{n+1}x^{n+1}+C$ （n は 0 以上の整数，C は積分定数）

2 不定積分の性質

① $\displaystyle\int kf(x)\,dx=k\int f(x)\,dx$ （k は定数）

② $\displaystyle\int\{f(x)\pm g(x)\}\,dx=\int f(x)\,dx\pm\int g(x)\,dx$ （複号同順）

151 次の不定積分を求めよ。

□(1) $\displaystyle\int x^2\,dx$

□(2) $\displaystyle\int (2x+3)\,dx$

□(3) $\displaystyle\int (-6x^2+2x-5)\,dx$

□(4) $\displaystyle\int (x-1)(x-2)\,dx$

□(5) $\displaystyle\int (2t+3)^2\,dt-\int (2t-3)^2\,dt$

Check

↳151 POINTS 1，2 参照。

(4) $(x-1)(x-2)$ を展開してから積分する。

(5) 不定積分を t で表す。$(2t+3)^2-(2t-3)^2$ を先に計算しておいて，t で積分する。

152 次の条件を満たす関数 $f(x)$ を求めよ。

□(1) $f'(x) = 6x - 2$, $f(2) = 9$

□(2) $f'(x) = 3x^2 + 2x + 3$, $f(1) = 1$

↳ **152** $f(x) = \int f'(x)\,dx$

である。

右辺を計算すると積分
定数 C が登場するが,
第2番目の条件により
C が決定される。

□ **153** 次の条件を満たす関数 $f(x)$ を求めよ。

$$\int f(x)\,dx = 2x^3 + 5x + C \quad (C\text{ は積分定数})$$

↳ **153** $f(x)$ の不定積分と
は,微分すると $f(x)$ に
なる関数のことだから,
$$\left\{ \int f(x)\,dx \right\}' = f(x)$$
となる。

□ **154** 曲線 $y = f(x)$ 上の各点 $(x,\ y)$ における接線の傾きが
$6x^2 - 1$ であり,この曲線は点 $(2,\ 4)$ を通る。この曲線の方
程式を求めよ。

↳ **154** 接線の傾きは,
$f'(x)$ により与えられ
るから,
$f'(x) = 6x^2 - 1$ となる。
これを積分する。

③⑦ 定積分

解答 ▸ 別冊P.33

📎 POINTS

1 定積分

関数 $f(x)$ の不定積分の1つを $F(x)$ とするとき，$f(x)$ の a から b までの定積分は，

$$\int_a^b f(x)\,dx = \Big[F(x)\Big]_a^b = F(b) - F(a)$$

2 定積分の性質

① $\displaystyle\int_a^b kf(x)\,dx = k\int_a^b f(x)\,dx$ （k は定数）

② $\displaystyle\int_a^b \{f(x) \pm g(x)\}\,dx = \int_a^b f(x)\,dx \pm \int_a^b g(x)\,dx$ （複号同順）

③ $\displaystyle\int_a^a f(x)\,dx = 0$ ④ $\displaystyle\int_b^a f(x)\,dx = -\int_a^b f(x)\,dx$ ⑤ $\displaystyle\int_a^b f(x)\,dx = \int_a^c f(x)\,dx + \int_c^b f(x)\,dx$

3 定積分と微分

$\displaystyle\int_a^x f(t)\,dt$ は $f(x)$ の不定積分の1つであり，$\dfrac{d}{dx}\displaystyle\int_a^x f(t)\,dt = f(x)$ （a は定数）

155 次の定積分を求めよ。

☐(1) $\displaystyle\int_1^2 (2x+1)\,dx$

☐(2) $\displaystyle\int_{-1}^2 (3x^2+x-2)\,dx$

☐(3) $\displaystyle\int_{-2}^1 (x+2)(x-1)\,dx$

✅ **Check**

↳ 155 📎 POINTS 1, 2

参照。
定積分の計算中に用いる不定積分には，積分定数 C をつけなくてよい。

156 次の定積分を求めよ。

□(1) $\displaystyle\int_1^3 (x^2-2x-3)\,dx + \int_1^3 (-x^2+4x+3)\,dx$

□(2) $\displaystyle\int_{-2}^{-1} (x^2-4x+1)\,dx + \int_{-1}^{0} (x^2-4x+1)\,dx$

□(3) $\displaystyle\int_{-2}^{2} (-3x^2+x-2)\,dx$

□ **157** 次の等式を満たす関数 $f(x)$ を求めよ。

$$f(x)=2x-3+\int_{-2}^{2} f(t)\,dt$$

□ **158** 次の等式を満たす関数 $f(x)$ と定数 a を求めよ。

$$\int_a^x f(t)\,dt = (x-2)^2$$

↳ 156 (1) ⊘ POINTS ② ② 参照。

(2) ⊘ POINTS ② ⑤ 参照。

↳ 157 $\displaystyle\int_{-2}^{2} f(t)\,dt$ は定数であるから，A で表すと，$f(x)=2x-3+A$ となる。そこで，

$$A=\int_{-2}^{2} (2t-3+A)\,dt$$

を解いて，A を求める。

↳ 158 ⊘ POINTS ③ 参照。与式の両辺を x で微分すれば，$f(x)$ が求められる。

㊳ 定積分と図形の面積

解答 ▶ 別冊P.34

🖉 POINTS

1 曲線と x 軸の間の面積

曲線 $y=f(x)$ と x 軸，および2直線 $x=a$, $x=b$ で囲まれた図形の面積 S は次のとおり。

① 区間 $a \leqq x \leqq b$ で常に $f(x) \geqq 0$ のとき，$S=\displaystyle\int_a^b f(x)\,dx$

② 区間 $a \leqq x \leqq b$ で常に $f(x) \leqq 0$ のとき，$S=-\displaystyle\int_a^b f(x)\,dx$

2 2曲線の間の面積

区間 $a \leqq x \leqq b$ で常に $f(x) \geqq g(x)$ のとき，2曲線 $y=f(x)$, $y=g(x)$，および2直線 $x=a$, $x=b$ で囲まれた図形の面積 S は，

$$S=\int_a^b \{f(x)-g(x)\}\,dx$$

159 次の曲線と直線で囲まれた部分の面積を求めよ。

□(1) $y=-x^2+x+6$, x 軸, $x=-1$, $x=2$

□(2) $y=-x^2+2$, $y=x$

□(3) $y=2x^2-x$, $y=x+4$

✅ **Check**

↳ 159 (1) 🖉 POINTS 1 参照。

(2)(3) 🖉 POINTS 2 参照。
連立して，交点の x 座標を求める。
また，その区間における上下関係は，放物線の場合は，上に凸か下に凸かで判断できる。

160 次の2曲線で囲まれた図形の面積を求めよ。

↳ 160 POINTS 2 参照。

☐(1)　$y=2x^2-6x+5$,　$y=-3x^2+9x-5$

☐(2)　$y=4x^2+3x-2$,　$y=x^2+6x+4$

161 放物線 $y=x^2-4x+9$ に原点から2本の接線を引くとき，次の問いに答えよ。

☐(1)　この2本の接線の方程式を求めよ。

↳ 161 (1)接点の x 座標を a として，接線の方程式を表し，原点を通ることから，a の値を求める。

☐(2)　この放物線と2本の接線で囲まれた図形の面積を求めよ。

(2) 2本の接線の交点を通る，y 軸より左側の図形と右側の図形に分けて，面積を求める。

装丁デザイン　ブックデザイン研究所
本文デザイン　未来舎
　　図　版　デザインスタジオエキス.

本書に関する最新情報は，小社ホームページにある**本書の「サポート情報」**をご覧ください。（開設していない場合もございます。）
なお，この本の内容についての責任は小社にあり，内容に関するご質問は直接小社におよせください。

高校　トレーニングノートα　数学II

編著者	高校教育研究会	発行所	受験研究社
発行者	岡本泰治		
印刷所	寿印刷		© 株式会社 増進堂・受験研究社

〒550-0013 大阪市西区新町2丁目19番15号
注文・不良品などについて：(06)6532-1581(代表)／本の内容について：(06)6532-1586(編集)

注意 本書を無断で複写・複製(電子化を含む)
して使用すると著作権法違反となります。

Printed in Japan　髙廣製本
落丁・乱丁本はお取り替えします。

Training Note α
トレーニングノートα

数学Ⅱ

解答・解説

解答・解説

第1章　式と証明

① 3次式の展開と因数分解 *(p.2)*

1
(1)(与式)$=x^3+3\cdot x^2\cdot2+3\cdot x\cdot2^2+2^3$
$\qquad=\boldsymbol{x^3+6x^2+12x+8}$
(2)(与式)$=(2a)^3-3\cdot(2a)^2\cdot b+3\cdot2a\cdot b^2-b^3$
$\qquad=\boldsymbol{8a^3-12a^2b+6ab^2-b^3}$
(3)(与式)$=(x+1)(x^2-1\cdot x+1^2)$
$\qquad=\boldsymbol{x^3+1}$
(4)(与式)$=(3a-2b)\{(3a)^2+3a\cdot2b+(2b)^2\}$
$\qquad=(3a)^3-(2b)^3$
$\qquad=\boldsymbol{27a^3-8b^3}$

2
(1)(与式)$=a^3+(3b)^3$
$\qquad=(a+3b)\{a^2-a\cdot3b+(3b)^2\}$
$\qquad=\boldsymbol{(a+3b)(a^2-3ab+9b^2)}$
(2)(与式)$=x^3-4^3$
$\qquad=(x-4)(x^2+x\cdot4+4^2)$
$\qquad=\boldsymbol{(x-4)(x^2+4x+16)}$
(3)(与式)$=(2x)^3+3\cdot(2x)^2\cdot1+3\cdot2x\cdot1^2+1^3$
$\qquad=\boldsymbol{(2x+1)^3}$
(4)(与式)$=(3a)^3-3\cdot(3a)^2\cdot2b+3\cdot3a\cdot(2b)^2-(2b)^3$
$\qquad=\boldsymbol{(3a-2b)^3}$

3
(1)$a+b=A$ とおくと，
(与式)$=A^3+c^3$
$\qquad=(A+c)(A^2-Ac+c^2)$
$\qquad=(a+b+c)\{(a+b)^2-(a+b)c+c^2\}$
$\qquad=\boldsymbol{(a+b+c)(a^2+b^2+c^2+2ab-ac-bc)}$
(2)(与式)$=(x^3)^2-(y^3)^2$
$\qquad=(x^3+y^3)(x^3-y^3)$
$\qquad=(x+y)(x^2-xy+y^2)(x-y)(x^2+xy+y^2)$
$\qquad=\boldsymbol{(x+y)(x-y)(x^2+xy+y^2)(x^2-xy+y^2)}$

☑注意
次数の高い式の展開や因数分解では，適切な文字の置き換えによって，すでに学習した公式を利用できる形にする。

② 二項定理 *(p.3〜5)*

4
(1)(与式)
$=_4C_0x^4+_4C_1x^3y+_4C_2x^2y^2+_4C_3xy^3+_4C_4y^4$
$=\boldsymbol{x^4+4x^3y+6x^2y^2+4xy^3+y^4}$
(2)(与式)
$=\{x+(-y)\}^6$
$=_6C_0x^6+_6C_1x^5(-y)+_6C_2x^4(-y)^2+_6C_3x^3(-y)^3$
$\quad+_6C_4x^2(-y)^4+_6C_5x(-y)^5+_6C_6(-y)^6$
$=\boldsymbol{x^6-6x^5y+15x^4y^2-20x^3y^3+15x^2y^4-6xy^5+y^6}$
(3)(与式)
$=_4C_0(2x)^4+_4C_1(2x)^3y+_4C_2(2x)^2y^2+_4C_3(2x)y^3$
$\quad+_4C_4y^4$
$=\boldsymbol{16x^4+32x^3y+24x^2y^2+8xy^3+y^4}$
(4)(与式)
$=\{2x+(-3y)\}^5$
$=_5C_0(2x)^5+_5C_1(2x)^4(-3y)+_5C_2(2x)^3(-3y)^2$
$\quad+_5C_3(2x)^2(-3y)^3+_5C_4(2x)(-3y)^4$
$\quad+_5C_5(-3y)^5$
$=\boldsymbol{32x^5-240x^4y+720x^3y^2-1080x^2y^3+810xy^4}$
$\quad\boldsymbol{-243y^5}$

☑注意
$(a+b)^n$ の展開では，パスカルの三角形を利用することもできる。
$n=1$　　　　1　1
$n=2$　　　1　2　1
$n=3$　　1　3　3　1
$n=4$　1　4　6　4　1
⋮
例 $(x+y)^4=1\cdot x^4+4x^3y+6x^2y^2+4xy^3+1\cdot y^4$

5
(1)$(3x+y)^5$ の展開式において，x^3y^2 のついている項は，$_5C_2(3x)^3y^2=270x^3y^2$
よって，係数は **270**
(2)$(2x^2+3)^6$ の展開式において，x^6 のついている項は，
$_6C_3(2x^2)^3\cdot3^3=20\cdot8\cdot27\cdot x^6$
$\qquad\qquad=4320x^6$
よって，係数は **4320**

6 二項定理より，次の等式Ⓐが成立する。
$_nC_0+_nC_1x+_nC_2x^2+\cdots+_nC_nx^n=(1+x)^n$　…Ⓐ
(1)Ⓐに $x=1$ を代入すると，
$_nC_0+_nC_1\cdot1+_nC_2\cdot1^2+\cdots+_nC_n\cdot1^n$
$=_nC_0+_nC_1+_nC_2+\cdots+_nC_n$
$=(1+1)^n$
$=2^n$
(2)Ⓐに $x=2$ を代入すると，
$_nC_0+_nC_1\cdot2+_nC_2\cdot2^2+\cdots+_nC_n\cdot2^n$
$=_nC_0+2_nC_1+2^2{}_nC_2+\cdots+2^n{}_nC_n$
$=(1+2)^n$
$=3^n$
(3)Ⓐに $x=-2$ を代入すると，
$_nC_0+_nC_1\cdot(-2)+_nC_2\cdot(-2)^2+\cdots+_nC_n\cdot(-2)^n$
$=_nC_0-2\cdot_nC_1+2^2\cdot_nC_2-\cdots+(-2)^n\cdot_nC_n$

$$=(1-2)^n=(-1)^n$$

(4)Ⓐに $x=\dfrac{1}{3}$ を代入すると，

$$_nC_0+{}_nC_1\cdot\dfrac{1}{3}+{}_nC_2\cdot\left(\dfrac{1}{3}\right)^2+\cdots\cdots+{}_nC_n\cdot\left(\dfrac{1}{3}\right)^n$$

$$={}_nC_0+\dfrac{{}_nC_1}{3}+\dfrac{{}_nC_2}{3^2}+\cdots\cdots+\dfrac{{}_nC_n}{3^n}$$

$$=\left(1+\dfrac{1}{3}\right)^n$$

$$=\left(\dfrac{4}{3}\right)^n$$

7 $(a+b+c)^n$ の展開式において，一般項は

$$\dfrac{n!}{p!\,q!\,r!}a^pb^qc^r$$

$$(p+q+r=n,\ p\geqq0,\ q\geqq0,\ r\geqq0)$$

(1)ab^2c^3 の項は

$p=1,\ q=2,\ r=3$

とすると，$p+q+r=1+2+3=6$ だから，

$$\dfrac{6!}{1!\,2!\,3!}ab^2c^3=60ab^2c^3$$

よって，係数は **60**

(2)$(x+2y-3z)^6$ の展開式において，一般項は

$$\dfrac{6!}{p!\,q!\,r!}x^p(2y)^q(-3z)^r$$

$$=\dfrac{6!}{p!\,q!\,r!}\cdot2^q\cdot(-3)^rx^py^qz^r\quad(p+q+r=6)$$

これが，x^3y^2z の項になるから，

$p=3,\ q=2,\ r=1$ として，

係数は $\dfrac{6!}{3!\,2!\,1!}\cdot2^2\cdot(-3)=\boldsymbol{-720}$

(3)$(x^2+x+2)^5$ の展開式において，一般項は

$$\dfrac{5!}{p!\,q!\,r!}(x^2)^px^q\cdot2^r$$

$$=\dfrac{5!}{p!\,q!\,r!}\cdot2^rx^{2p+q}\quad(p+q+r=5)$$

これが x^3 の項になるから，

$$\begin{cases}2p+q=3\\p+q+r=5\end{cases}$$

これを満たす 0 以上の整数 p, q, r の組を求めると，$(p,\ q,\ r)=(0,\ 3,\ 2),\ (1,\ 1,\ 3)$

㋐$(p,\ q,\ r)=(0,\ 3,\ 2)$ のとき，

$$\dfrac{5!}{0!\,3!\,2!}\cdot2^2=40$$

㋑$(p,\ q,\ r)=(1,\ 1,\ 3)$ のとき，

$$\dfrac{5!}{1!\,1!\,3!}\cdot2^3=160$$

㋐，㋑より，x^3 の係数は $40+160=\boldsymbol{200}$

8 二項定理を用いて，

$$21^{21}=(1+20)^{21}$$

$$={}_{21}C_0\cdot1^{21}+{}_{21}C_1\cdot1^{20}\cdot20+{}_{21}C_2\cdot1^{19}\cdot20^2$$

$$+\cdots\cdots+{}_{21}C_{21}\cdot20^{21}$$

$$={}_{21}C_0+{}_{21}C_1\cdot20+{}_{21}C_2\cdot20^2+\cdots\cdots+{}_{21}C_{21}\cdot20^{21}$$

上式において，

$${}_{21}C_2\cdot20^2+{}_{21}C_3\cdot20^3+\cdots\cdots+{}_{21}C_{21}\cdot20^{21}$$

$$=20^2({}_{21}C_2+{}_{21}C_3\cdot20+\cdots\cdots+{}_{21}C_{21}\cdot20^{19})$$

は $20^2=400$ で割り切れるから，全体を 400 で割った余りは，${}_{21}C_0+{}_{21}C_1\cdot20$ を 400 で割った余りに等しい。

ここで，${}_{21}C_0+{}_{21}C_1\cdot20=1+21\cdot20=421$ を 400 で割ると，余りは 21 である。

よって，求める余りは **21**

❸ 整式の除法と分数式 （p.6〜7）

9 (1)
$$\begin{array}{r}3x-1\\x+2\,{\overline{\smash{\big)}\,3x^2+5x-1}}\\\underline{3x^2+6x}\\-x-1\\\underline{-x-2}\\1\end{array}$$

よって，商 $3x-1$，余り **1**

(2)
$$\begin{array}{r}x^2-x+2\\2x+1\,{\overline{\smash{\big)}\,2x^3-x^2+3x+1}}\\\underline{2x^3+x^2}\\-2x^2+3x\\\underline{-2x^2-x}\\4x+1\\\underline{4x+2}\\-1\end{array}$$

よって，商 x^2-x+2，余り **-1**

(3)
$$\begin{array}{r}3x+1\\2x^2+x-2\,{\overline{\smash{\big)}\,6x^3+5x^2-5x-2}}\\\underline{6x^3+3x^2-6x}\\2x^2+x-2\\\underline{2x^2+x-2}\\0\end{array}$$

よって，商 $3x+1$，余り **0**

☑ **注意**
割られる式の次数が割る式の次数より低くなったら，割り算を終了する。

10 (1)(与式)$=\dfrac{(x-3)(x-1)}{(x+2)(x-2)}\times\dfrac{x+2}{x-3}$

$$=\dfrac{\boldsymbol{x-1}}{\boldsymbol{x-2}}$$

(2)(与式)$=\dfrac{(x-4)(x+2)}{(x-5)(x+3)}\times\dfrac{x+3}{x-4}$

$$=\dfrac{\boldsymbol{x+2}}{\boldsymbol{x-5}}$$

(3)(与式)$=\dfrac{x(x-3)}{x+1}\times\dfrac{x+2}{x-3}\times\dfrac{x+1}{x(x-2)}$

$$=\dfrac{\boldsymbol{x+2}}{\boldsymbol{x-2}}$$

11 分母が異なるときは，まず通分してから，分子の計算を行う。

(1) (与式) $= \dfrac{x-1}{x^2-4} + \dfrac{-1}{x^2-4}$

$= \dfrac{x-2}{x^2-4}$

$= \dfrac{x-2}{(x+2)(x-2)}$

$= \dfrac{1}{x+2}$

(2) (与式) $= \dfrac{x-1}{(x-3)(x+2)} - \dfrac{x+5}{(x+2)(x+3)}$

$= \dfrac{(x-1)(x+3)-(x+5)(x-3)}{(x+2)(x+3)(x-3)}$

$= \dfrac{(x^2+2x-3)-(x^2+2x-15)}{(x+2)(x+3)(x-3)}$

$= \dfrac{12}{(x+2)(x+3)(x-3)}$

(3) (与式) $= \left(1+\dfrac{1}{x-1}\right) \div \left(1+\dfrac{2}{x-1}\right)$

$= \dfrac{x-1+1}{x-1} \div \dfrac{x-1+2}{x-1}$

$= \dfrac{x}{x-1} \times \dfrac{x-1}{x+1}$

$= \dfrac{x}{x+1}$

別解 (与式) $= \dfrac{\left(1+\dfrac{1}{x-1}\right)\times(x-1)}{\left(1+\dfrac{2}{x-1}\right)\times(x-1)}$

$= \dfrac{x-1+1}{x-1+2} = \dfrac{x}{x+1}$

❹ 等式の証明 (p.8〜10)

12 (1) 与式の左辺を展開して整理すると,

$ax^2+(-2a+b)x+(a-b+c)=x^2+x+1$

これが x についての恒等式となるから,

$\begin{cases} a=1 \\ -2a+b=1 \\ a-b+c=1 \end{cases}$

よって, $\boldsymbol{a=1,\ b=3,\ c=3}$

(2) 与式の左辺を展開して整理すると,

$ax^3+(-3a+b)x^2+(2a-b+c)x-c$

$=2x^3-3x^2+1$

$=2x^3-3x^2+0x+1$

これが x についての恒等式となるから,

$\begin{cases} a=2 & \cdots\cdots① \\ -3a+b=-3 & \cdots\cdots② \\ 2a-b+c=0 & \cdots\cdots③ \\ -c=1 & \cdots\cdots④ \end{cases}$

①, ②, ④より,

$a=2,\ b=3,\ c=-1$

とわかる。これを③に代入すると成立する。

よって, $\boldsymbol{a=2,\ b=3,\ c=-1}$

☑注意
①〜④がすべて成立しないといけないのだから, ①, ②, ④から得られた $a,\ b,\ c$ が③も満たすことを確認する。

別解 決定するのは $a,\ b,\ c$ の3文字だから, 異なる3個の適当な x の値を代入する。

$x=0,\ 2,\ 3$ を代入すると,

$\begin{cases} -c=1 \\ 2b+c=5 \\ 6a+6b+2c=28 \end{cases}$

よって, $\boldsymbol{a=2,\ b=3,\ c=-1}$ ……Ⓐ

このとき,

$2x(x-1)(x-2)+3x(x-1)-(x-1)$

$=(2x^3-6x^2+4x)+(3x^2-3x)-x+1$

$=2x^3-3x^2+1$

は恒等式だから, Ⓐは適する。

☑注意
別解 では, $x=0,\ 2,\ 3$ という特定の値を代入して $a,\ b,\ c$ を求めている。この方法の場合, 得られた $a,\ b,\ c$ によって等式がすべての x について成立することを後半で示しておく必要がある。

(3) 与式の右辺を通分すると,

$\dfrac{3x+5}{(x+1)(x+3)} = \dfrac{a(x+3)+b(x+1)}{(x+1)(x+3)}$

x についての恒等式となるから, 分母が共通ならば, 分子に注目して,

$3x+5=(a+b)x+(3a+b)$ も x についての恒等式である。

$\begin{cases} a+b=3 \\ 3a+b=5 \end{cases}$

よって, $\boldsymbol{a=1,\ b=2}$

13 (1) $(a+b)^2-(a-b)^2$

$=(a^2+2ab+b^2)-(a^2-2ab+b^2)$

$=4ab$

よって, $(a+b)^2-(a-b)^2=4ab$

(2) $(a-b)^2+(b-c)^2+(c-a)^2$

$=(a^2-2ab+b^2)+(b^2-2bc+c^2)+(c^2-2ca+a^2)$

$=2(a^2+b^2+c^2-ab-bc-ca)$

よって,

$(a-b)^2+(b-c)^2+(c-a)^2$

$=2(a^2+b^2+c^2-ab-bc-ca)$

14 (1) $a:b:c=1:2:3$ より,

$a=k,\ b=2k,\ c=3k$ (k は正の定数) とおき,

$2a^2+2b+3c=7$ に代入する。

$2\cdot k^2+2\cdot 2k+3\cdot 3k=7$

$2k^2+13k-7=0$

$(2k-1)(k+7)=0$

$k>0$ より，$k=\dfrac{1}{2}$

$a=\dfrac{1}{2}$，$b=1$，$c=\dfrac{3}{2}$

よって，

$2a+9b+4c^2=2\cdot\dfrac{1}{2}+9\cdot1+4\left(\dfrac{3}{2}\right)^2$

$\qquad\qquad\quad=1+9+9=\mathbf{19}$

(2) $\dfrac{a+b}{3}=\dfrac{b+c}{4}=\dfrac{c+a}{5}=k$ とおくと，

$\quad a+b=3k$ ……①，

$\quad b+c=4k$ ……②，

$\quad c+a=5k$ ……③

$\quad$①，②，③の辺々を足すと，

$\quad 2(a+b+c)=12k$

$\quad$よって，$a+b+c=6k$ ……④

$\quad$④－②より，$a=2k$ ……⑤

$\quad$④－③より，$b=k$ ……⑥

$\quad$④－①より，$c=3k$ ……⑦

$\quad abc\neq0$ から，$k\neq0$

$\quad$よって，⑤，⑥，⑦を与えられた式に代入して，

$\quad \dfrac{a^2b+b^2c+c^2a}{abc}=\dfrac{(2k)^2\cdot k+k^2\cdot3k+(3k)^2\cdot2k}{2k\cdot k\cdot3k}$

$\qquad\qquad\qquad\quad=\dfrac{25k^3}{6k^3}=\dfrac{\mathbf{25}}{\mathbf{6}}$

15 (1) $b=1-a$ であるから，

$\quad a^3+b^3=a^3+(1-a)^3$

$\qquad\qquad=a^3+(1-3a+3a^2-a^3)$

$\qquad\qquad=3a^2-3a+1$

$\quad 1-3ab=1-3a(1-a)$

$\qquad\qquad\quad=3a^2-3a+1$

$\quad$よって，$a^3+b^3=1-3ab$

(2) $\dfrac{x}{a}=\dfrac{y}{b}=k$ とおくと，$x=ak$，$y=bk$

$\quad$これを代入すると，

$\quad \dfrac{x^2-xy+y^2}{a^2-ab+b^2}=\dfrac{a^2k^2-abk^2+b^2k^2}{a^2-ab+b^2}$

$\qquad\qquad\qquad=\dfrac{k^2(a^2-ab+b^2)}{a^2-ab+b^2}$

$\qquad\qquad\qquad=k^2$

$\quad \dfrac{x^2+3xy+2y^2}{a^2+3ab+2b^2}=\dfrac{a^2k^2+3abk^2+2b^2k^2}{a^2+3ab+2b^2}$

$\qquad\qquad\qquad=\dfrac{k^2(a^2+3ab+2b^2)}{a^2+3ab+2b^2}$

$\qquad\qquad\qquad=k^2$

$\quad$よって，$\dfrac{x^2-xy+y^2}{a^2-ab+b^2}=\dfrac{x^2+3xy+2y^2}{a^2+3ab+2b^2}$

(3) $\dfrac{x}{b-c}=\dfrac{y}{c-a}=\dfrac{z}{a-b}=k$ とおくと，

$\quad x=k(b-c)$ ……①，

$\quad y=k(c-a)$ ……②，

$\quad z=k(a-b)$ ……③

$\quad$①，②，③を与えられた式の左辺に代入して，

$ax+by+cz=a\cdot k(b-c)+b\cdot k(c-a)+c\cdot k(a-b)$

$\qquad\qquad\quad=k(ab-ca+bc-ab+ca-bc)$

$\qquad\qquad\quad=0$

$\quad$よって，$ax+by+cz=0$

(4) $a:b:c=1:2:3$ より，

$\quad a=k$，$b=2k$，$c=3k$ とおくと，

$\quad a^2:b^2:c^2=k^2:(2k)^2:(3k)^2$

$\qquad\qquad\quad=k^2:4k^2:9k^2$

$\qquad\qquad\quad=1:4:9$

$\quad$よって，$a^2:b^2:c^2=1:4:9$

⑤ 不等式の証明 （*p.11 ～ 13*）

16 $(xy+1)-(x+y)=xy-x-y+1$

$\qquad\qquad\qquad\quad=x(y-1)-(y-1)$

$\qquad\qquad\qquad\quad=(x-1)(y-1)$

$x>1$，$y>1$ より，$x-1>0$，$y-1>0$ であるから，

$(x-1)(y-1)>0$

よって，$(xy+1)-(x+y)>0$

したがって，$xy+1>x+y$

17 (1) $x>2$，$y>5$ より，

$\quad x+y>2+y>2+5=7$

(2) $x>2$，$y>5$ より，

$\quad x-2>0$，$y-5>0$

$\quad$(左辺)－(右辺)

$\quad =xy+10-(5x+2y)$

$\quad =x(y-5)-2(y-5)$

$\quad =(x-2)(y-5)>0$

$\quad$よって，$xy+10>5x+2y$

18 (1) $a^2+6ab+10b^2$

$\quad =(a^2+6ab+9b^2)+b^2$

$\quad =(a+3b)^2+b^2\geqq0$

$\quad$よって，$a^2+6ab+10b^2\geqq0$

$\quad$等号が成り立つのは，$a+3b=0$ かつ $b=0$

$\quad$すなわち，$\boldsymbol{a=b=0}$ のときである。

> ☑ **注意**
>
> A，B が実数であれば，$A^2+B^2=0$ が成立するのは，$A=0$ かつ $B=0$ のときである。

(2) 両辺の平方の差から考えると，

$\quad \{\sqrt{2(a+b)}\}^2-(\sqrt{a}+\sqrt{b})^2$

$\quad =2(a+b)-(a+2\sqrt{ab}+b)$

$\quad =a-2\sqrt{ab}+b$

$\quad =(\sqrt{a}-\sqrt{b})^2\geqq0$

$\quad$これより，

$\quad \{\sqrt{2(a+b)}\}^2\geqq(\sqrt{a}+\sqrt{b})^2$ ……①

$\quad$ここで，

$\quad \sqrt{2(a+b)}>0$，$\sqrt{a}+\sqrt{b}>0$

$\quad$①より，$\sqrt{2(a+b)}\geqq\sqrt{a}+\sqrt{b}$

$\quad$よって，$\sqrt{a}+\sqrt{b}\leqq\sqrt{2(a+b)}$

$\quad$等号が成り立つのは，$\sqrt{a}=\sqrt{b}$

すなわち，**$a=b$ のときである。**

19 (1)まず，$|a-b| \leqq |a|+|b|$ を示す。
両辺とも正だから，両辺の平方の差を考える。
$(|a|+|b|)^2 - |a-b|^2$
$= (|a|^2 + 2|a||b| + |b|^2) - (a-b)^2$
$= (|a|^2 + 2|ab| + |b|^2) - (a^2 - 2ab + b^2)$
$= (a^2 + 2|ab| + b^2) - (a^2 - 2ab + b^2)$
$= 2(|ab| + ab) \geqq 0$
よって，$|a-b| \leqq |a|+|b|$ ……①
等号が成り立つのは，$|ab| = -ab$
すなわち，**$ab \leqq 0$ のときである。**
次に，$|a|-|b| \leqq |a-b|$ を示す。
移項して，$|a| \leqq |a-b|+|b|$ を示せばよい。
①で示された不等式は任意の実数 A，B に対し，
$|A-B| \leqq |A|+|B|$
が成り立つとみなせるから，
$A = a-b$，$B = -b$ を代入すると，
$|(a-b)-(-b)| \leqq |a-b|+|-b|$
$|a| \leqq |a-b|+|b|$
よって，$|a|-|b| \leqq |a-b|$
等号が成り立つのは，$AB \leqq 0$ のときより，
$(a-b) \cdot (-b) \leqq 0$
$(a-b)b \geqq 0$
すなわち，
$\begin{cases} a-b \geqq 0 \\ b \geqq 0 \end{cases}$ $\begin{cases} a-b \leqq 0 \\ b \leqq 0 \end{cases}$
つまり，**$a \geqq b \geqq 0$ または $a \leqq b \leqq 0$ のときである。**

(2)$|a|+|b| \geqq 0$，$\sqrt{2(a^2+b^2)} \geqq 0$ であるから，
両辺の平方の差を考える。
$\{\sqrt{2(a^2+b^2)}\}^2 - (|a|+|b|)^2$
$= 2(a^2+b^2) - (a^2 + 2|ab| + b^2)$
$= a^2 - 2|ab| + b^2$
$= |a|^2 - 2|a||b| + |b|^2$
$= (|a|-|b|)^2 \geqq 0$
これより，$\{\sqrt{2(a^2+b^2)}\}^2 \geqq (|a|+|b|)^2$
よって，$|a|+|b| \leqq \sqrt{2(a^2+b^2)}$
等号が成り立つのは，**$|a|=|b|$ のときである。**

☑ 注意
$A \leqq B \leqq C$ を証明するには，$A \leqq B$，$B \leqq C$ が
ともに成立することを示さなければならない。

20 (1)$a>0$，$b>0$ より，相加平均と相乗平均の関係
により，
$a + \dfrac{1}{a} \geqq 2\sqrt{a \cdot \dfrac{1}{a}} = 2$
$b + \dfrac{4}{b} \geqq 2\sqrt{b \cdot \dfrac{4}{b}} = 4$
上式の辺々を加えると，
$a + \dfrac{1}{a} + b + \dfrac{4}{b} \geqq 2 + 4$

よって，$a + b + \dfrac{1}{a} + \dfrac{4}{b} \geqq 6$
等号が成り立つのは，
$a = \dfrac{1}{a}$ かつ $b = \dfrac{4}{b}$
すなわち，$a > 0$，$b > 0$ とあわせて，
$a = 1$，$b = 2$ のときである。

(2)$(a+2b)\left(\dfrac{1}{a} + \dfrac{2}{b}\right)$
$= \dfrac{a}{a} + \dfrac{2a}{b} + \dfrac{2b}{a} + \dfrac{4b}{b}$
$= 1 + \dfrac{2a}{b} + \dfrac{2b}{a} + 4$
$= 5 + 2\left(\dfrac{a}{b} + \dfrac{b}{a}\right)$ ……①
ここで，$a>0$，$b>0$ より，
$\dfrac{a}{b} > 0$，$\dfrac{b}{a} > 0$
だから，相加平均と相乗平均の関係により，
$\dfrac{a}{b} + \dfrac{b}{a} \geqq 2\sqrt{\dfrac{a}{b} \cdot \dfrac{b}{a}} = 2$ ……②
この等号が成り立つのは，
$\dfrac{a}{b} = \dfrac{b}{a}$
つまり，$a^2 = b^2$
$a>0$，$b>0$ より，$a=b$ のときである。 ……③
①，②により，
$5 + 2\left(\dfrac{a}{b} + \dfrac{b}{a}\right) \geqq 5 + 2 \times 2 = 9$
よって，$(a+2b)\left(\dfrac{1}{a} + \dfrac{2}{b}\right) \geqq 9$
等号が成り立つのは③より，**$a=b$ のときである。**

第2章 | 複素数と方程式

❻ 複素数　　　　　　　　　(p.14 ～ 15)

21 (1)(与式)$= (4+2) + (3-5)i$
$= \boldsymbol{6 - 2i}$
(2)(与式)$= (-2-3) + (3-1)i$
$= \boldsymbol{-5 + 2i}$
(3)(与式)$= 6 - 2i - 5 + 10i$
$= \boldsymbol{1 + 8i}$

22 (1)(与式)$= 12 + 15i - 4i - 5i^2$
$= 12 + 11i + 5$
$= \boldsymbol{17 + 11i}$
(2)(与式)$= i(1 - 4i + 4i^2)$
$= i(1 - 4i - 4)$
$= i(-3 - 4i)$
$= -3i - 4i^2$
$= \boldsymbol{4 - 3i}$
(3)(与式)$= \dfrac{(4-2i)(1-i)}{(1+i)(1-i)}$

$$= \frac{4-4i-2i+2i^2}{1-i^2}$$

$$= \frac{2-6i}{2}$$

$$= 1-3i$$

(4)(与式)$= \frac{(1+i)^2}{2}$

$$= \frac{1+2i+i^2}{2}$$

$$= i$$

23 $\dfrac{3-i}{(2+i)^2} = \dfrac{3-i}{4+4i+i^2} = \dfrac{3-i}{3+4i}$

$$= \frac{(3-i)(3-4i)}{(3+4i)(3-4i)} = \frac{9-12i-3i+4i^2}{9+16}$$

$$= \frac{5-15i}{25} = \frac{1}{5} - \frac{3}{5}i$$

よって，$\dfrac{3-i}{(2+i)^2}$ の実部は $\dfrac{1}{5}$，虚部は $-\dfrac{3}{5}$

24 与えられた式を変形すると，

$$\frac{2+3i}{a+i} = \frac{(2+3i)(a-i)}{(a+i)(a-i)}$$

$$= \frac{2a-2i+3ai-3i^2}{a^2+1}$$

$$= \frac{(2a+3)+(3a-2)i}{a^2+1}$$

したがって，$\dfrac{2+3i}{a+i}$ が純虚数であるとき，

a^2+1 は実数であることもあわせて

$2a+3=0$ かつ $3a-2 \neq 0$

つまり，$a=-\dfrac{3}{2}$ かつ $a \neq \dfrac{2}{3}$

よって，$a=-\dfrac{3}{2}$

25 (1)(与式)$= \sqrt{25}\,i - \sqrt{9}\,i$

$$= 5i-3i$$

$$= 2i$$

(2)(与式)$= \sqrt{2}\,i \times \sqrt{3}\,i$

$$= \sqrt{6}\,i^2$$

$$= -\sqrt{6}$$

☑ **注意**
$\sqrt{-2}\sqrt{-3} = \sqrt{(-2)\times(-3)} = \sqrt{6}$
としてはいけない。
$\sqrt{a}\sqrt{b} = \sqrt{ab}$ が成り立つのは $a \geqq 0$，$b \geqq 0$ のときである。

26 左辺を計算すると，

$$i^3+i^2+i+\frac{1}{i}+\frac{1}{i^2}$$

$$= -i-1+i+\frac{i}{i^2}-1$$

$$= -2-i$$

これが右辺の $p+qi$ と等しいので，

$-2-i = p+qi$

p，q は実数なので，$p=-2$，$q=-1$

27 $\alpha^2 = \left\{\dfrac{\sqrt{2}\,(-1+i)}{2}\right\}^2 = \dfrac{2(1-2i+i^2)}{4}$

$$= \frac{-4i}{4}$$

$$= -i$$

ここで，$\alpha^4=(-i)^2=-1$，$\alpha^8=(\alpha^4)^2=(-1)^2=1$
なので，$219=8\times27+2+1$ となり，

$\alpha^{219}=\alpha^{8\times27+2+1}=1^{27}\cdot\alpha^2\cdot\alpha$

$$= (-i)\cdot\frac{\sqrt{2}\,(-1+i)}{2}$$

$$= \frac{\sqrt{2}\,(1+i)}{2}$$

⑦ 2次方程式の解と判別式 (p.16～17)

28 (1)$x=\pm\sqrt{-1}=\pm i$

(2)$x=\dfrac{-(-1)\pm\sqrt{(-1)^2-4\cdot1\cdot1}}{2\cdot1}$

$$= \frac{1\pm\sqrt{-3}}{2} = \frac{1\pm\sqrt{3}\,i}{2}$$

(3)$x=\dfrac{-(-7)\pm\sqrt{(-7)^2-4\cdot3\cdot6}}{2\cdot3} = \dfrac{7\pm\sqrt{-23}}{6}$

$$= \frac{7\pm\sqrt{23}\,i}{6}$$

(4)与えられた方程式を整理すると，

$x^2-10x+26=0$

$x=-(-5)\pm\sqrt{(-5)^2-1\cdot26}=5\pm i$

(5)$x=-(-\sqrt{2})\pm\sqrt{(-\sqrt{2})^2-1\cdot3}$

$$= \sqrt{2}\pm\sqrt{-1}=\sqrt{2}\pm i$$

29 以下，判別式を D とすると，

(1)$D=(-3)^2-4\cdot1\cdot(-5)$

$$= 9+20$$

$$= 29 > 0$$

よって，**異なる2つの実数解をもつ。**

(2)$D=(-28)^2-4\cdot4\cdot49$

$$= 784-784$$

$$= 0$$

よって，**重解をもつ。**

別解 $\dfrac{D}{4}=(-14)^2-4\cdot49$

$$= 196-196$$

$$= 0$$

よって，**重解をもつ。**

(3)$D=(-1)^2-4\cdot2\cdot2$

$$= -15 < 0$$

よって，**異なる2つの虚数解をもつ。**

30 判別式を D とすると，

$D=(m+2)^2-4m^2=(m+2+2m)(m+2-2m)$

$$= -(3m+2)(m-2)$$

よって，方程式の解は以下のようになる。

①$D>0$ すなわち $-\dfrac{2}{3}<m<2$ のとき,

異なる2つの実数解をもつ。

②$D=0$ すなわち $m=-\dfrac{2}{3}$, 2 のとき,

重解をもつ。

③$D<0$ すなわち $m<-\dfrac{2}{3}$, $2<m$ のとき,

異なる2つの虚数解をもつ。

31 判別式を D とすると,

$D=(3-k)^2-4k$

$=k^2-10k+9$

$=(k-1)(k-9)$

実数解をもつのは, $D\geqq0$ のときであるから,

$(k-1)(k-9)\geqq0$

よって, $k\leqq1$, $k\geqq9$

⑧ 解と係数の関係　　(p.18 〜 19)

32 (1)$x^2+4x+2=0$ となるから,

解と係数の関係より,

$\alpha+\beta=-\dfrac{4}{1}$

$\qquad=-4$

$\alpha\beta=\dfrac{2}{1}$

$\qquad=2$

(2)2次方程式が $x^2-3x-2=0$ となるから,

解と係数の関係より,

$\alpha+\beta=-(-3)=3$

$\alpha\beta=-2$

33 (1)$3x^2-9x+3=0$ として解を求めると,

$x^2-3x+1=0$ より,

$x=\dfrac{3\pm\sqrt{5}}{2}$

よって,

$3x^2-9x+3=3\left(x-\dfrac{3+\sqrt{5}}{2}\right)\left(x-\dfrac{3-\sqrt{5}}{2}\right)$

(2)$2x^2-4x+10=0$ として解を求めると,

$x^2-2x+5=0$ より,

$x=1\pm2i$

よって,

$2x^2-4x+10=2(x-1-2i)(x-1+2i)$

34 (1)$x^2-(3-5)x+3\cdot(-5)=0$

よって, $x^2+2x-15=0$

(2)$(3-\sqrt{2})+(3+\sqrt{2})=6$,

$(3-\sqrt{2})(3+\sqrt{2})=7$

よって, $x^2-6x+7=0$

35 解と係数の関係より,

$\alpha+\beta=4$, $\alpha\beta=1$

(1)$\alpha^2+\beta^2=(\alpha+\beta)^2-2\alpha\beta$

$\qquad=4^2-2\cdot1$

$\qquad=14$

(2)$\alpha^3+\beta^3=(\alpha+\beta)^3-3\alpha\beta(\alpha+\beta)$

$\qquad=4^3-3\cdot1\cdot4$

$\qquad=52$

別解　(1)を利用する。

$\alpha^3+\beta^3$

$=(\alpha+\beta)(\alpha^2-\alpha\beta+\beta^2)$

$=4\cdot(14-1)$

$=4\cdot13$

$=52$

☑注意

$\alpha+\beta$ と $\alpha\beta$ を使って, 次のような関係式をつくることができる。

・$\alpha^2+\beta^2=(\alpha+\beta)^2-2\alpha\beta$ ……①

・$\alpha^3+\beta^3=(\alpha+\beta)^3-3\alpha\beta(\alpha+\beta)$

$\qquad\qquad=(\alpha+\beta)(\alpha^2-\alpha\beta+\beta^2)$

・$\alpha^4+\beta^4=(\alpha^2+\beta^2)^2-2(\alpha\beta)^2$

（これに①を代入する。）

$\alpha-\beta$ は $(\alpha-\beta)^2=(\alpha+\beta)^2-4\alpha\beta$ だから,

・$\alpha-\beta=\pm\sqrt{(\alpha-\beta)^2}$

$\qquad\qquad=\pm\sqrt{(\alpha+\beta)^2-4\alpha\beta}$

となる。

36 求める2数を解とする2次方程式は,

$x^2-2x-48=0$

$(x-8)(x+6)=0$

ゆえに, $x=8$, -6

よって, **8と−6**

37 この2次方程式の2つの解を α, β とし, 判別式を D とする。

$\dfrac{D}{4}=a^2+2a-3$

$\quad=(a+3)(a-1)$

解と係数の関係より,

$\alpha+\beta=2a$, $\alpha\beta=3-2a$

(1)異なる2つの実数解をもつから,

$\dfrac{D}{4}=(a+3)(a-1)>0$

ゆえに, $a<-3$, $a>1$ ……①

α, β がともに正の解だから,

$\alpha+\beta>0$ かつ $\alpha\beta>0$ より,

$2a>0$ かつ $3-2a>0$

ゆえに, $0<a<\dfrac{3}{2}$ ……②

①かつ②より, $1<a<\dfrac{3}{2}$

(2)異符号の解をもつから, $\alpha\beta<0$

$\alpha\beta=3-2a<0$ より,

$a>\dfrac{3}{2}$

> **☑注意**
> $\alpha\beta<0$ のとき $D>0$ は常に成り立つ。
> そのため，$\alpha\beta<0$ だけ調べればよい。

⑨ 剰余の定理と因数定理 $\quad$(p.20～21)

38 (1)剰余の定理より，
$$P(2)=3\cdot2^2-2\cdot2+4$$
$$=12$$
よって，余り **12**

【別解】 実際に割り算をすると，
$$\begin{array}{r} 3x+4 \\ x-2\overline{)3x^2-2x+4} \\ \underline{3x^2-6x} \\ 4x+4 \\ \underline{4x-8} \\ 12 \end{array}$$
よって，余り **12**

(2)$Q(x)=2x-1=2\left(x-\dfrac{1}{2}\right)$ だから，

剰余の定理より，
$$P\left(\frac{1}{2}\right)=-8\left(\frac{1}{2}\right)^3-4\left(\frac{1}{2}\right)^2+2\left(\frac{1}{2}\right)+3$$
$$=-1-1+1+3$$
$$=2$$
よって，余り **2**

(3)組立除法を利用して解くと，
$$\begin{array}{r} 1 \quad -4 \quad\ 0 \quad\ 3 \ \big\lfloor\underline{1} \\ \underline{1 \ -3 \ -3} \\ 1 \ -3 \ -3 \ \big\lfloor 0 \end{array}$$
商 x^2-3x-3，余り **0**

39 $P(x)=x^3-ax^2+bx-2$ とおくと，
$$P(1)=0 \quad\cdots\cdots①$$
$$P(2)=4 \quad\cdots\cdots②$$
①より，$-a+b-1=0 \quad\cdots\cdots①'$
②より，$-4a+2b+6=4$
$-2a+b+1=0 \quad\cdots\cdots②'$
①'，②'から，$\boldsymbol{a=2}$，$\boldsymbol{b=3}$

40 (1)$P(x)$ を $(x+1)(x-3)$ で割ったときの余りは
1次式か定数だから，$ax+b$ とおく。
商を $Q(x)$ とおくと，
$$P(x)=(x+1)(x-3)Q(x)+ax+b$$
剰余の定理より，
$P(-1)=5$，$P(3)=17$
$$\begin{cases} P(-1)=-a+b=5 \\ P(3)=3a+b=17 \end{cases}$$
したがって，$a=3$，$b=8$
よって，余りは $\boldsymbol{3x+8}$

(2)$P(x)$ を x^2+x-2 で割ったときの商を $Q(x)$ とおくと，余りは $3(x+2)$ であるから，

$$P(x)=(x^2+x-2)Q(x)+3(x+2)$$
$$=(x+2)(x-1)Q(x)+3(x+2)$$
ここで，
$$P(-2)=(-2+2)(-2-1)Q(-2)+3(-2+2)$$
$$=0$$
$$P(1)=(1+2)(1-1)Q(1)+3(1+2)$$
$$=9$$
とわかるから，$P(x)=x^3+ax^2-4x+b$ に対して，
$$P(-2)=-8+4a+8+b=4a+b$$
$$P(1)=1+a-4+b=a+b-3$$
したがって，
$$\begin{cases} 4a+b=0 \\ a+b-3=9 \end{cases}$$
よって，$\boldsymbol{a=-4}$，$\boldsymbol{b=16}$

【別解】 実際に割り算をすると，
$$\begin{array}{r} x+(a-1) \\ x^2+x-2\overline{)x^3+ax^2-4x+b} \\ \underline{x^3+x^2-2x} \\ (a-1)x^2-2x+b \\ \underline{(a-1)x^2+(a-1)x-2(a-1)} \\ (-a-1)x+2a+b-2 \end{array}$$
余り $(-a-1)x+(2a+b-2)$ が $3(x+2)$ に一致するから，
$$\begin{cases} -a-1=3 \\ 2a+b-2=6 \end{cases}$$
よって，$\boldsymbol{a=-4}$，$\boldsymbol{b=16}$

41 $P(x)$ を $(x+2)(x-1)(x-3)$ で割ったときの商を $Q(x)$ とする。

(1)$R(x)=bx+c$ $(b\neq0)$ とおくと，
$$P(x)=(x+2)(x-1)(x-3)Q(x)+bx+c$$
と表せる。

条件と剰余の定理より，
$P(1)=6$ だから，$b+c=6$
$P(-2)=-3$ だから，$-2b+c=-3$
ゆえに，$b=3$，$c=3$
すなわち，$R(x)=3x+3$
よって，$a=P(3)=3\cdot3+3=\boldsymbol{12}$

【別解】 $P(x)$ を $x+2$ で割ったときの余りは，
$R(x)$ を $x+2$ で割ったときの余りと一致する。
よって，$R(x)=b(x+2)-3$ $(b\neq0)$ とおくことができ，
$$P(x)=(x+2)(x-1)(x-3)Q(x)+b(x+2)-3$$
と表せる。
$P(1)=6$ だから，$3b-3=6$ $b=3$
すなわち，$R(x)=3(x+2)-3=3x+3$
よって，$a=P(3)=3\cdot3+3=\boldsymbol{12}$

(2)$P(x)=(x+2)(x-1)(x-3)Q(x)+R(x)$ であり，
$R(x)$ は x^2 の係数が2である2次式である。
$P(x)$ を $(x+2)(x-1)$ で割ったときの余りは
$R(x)$ を $(x+2)(x-1)$ で割ったときの余りと一致するので，

$R(x)=2(x+2)(x-1)+4x-5$
とおくことができ，
$$P(x)=(x+2)(x-1)(x-3)Q(x)$$
$$+2(x+2)(x-1)+4x-5$$
と表せる。
　よって，$a=P(3)=2(3+2)(3-1)+4\cdot3-5=\mathbf{27}$

⑩ 高次方程式 (p.22～23)

42 $(1)x^3=-8$ を変形して，
$x^3+8=0$
$(x+2)(x^2-2x+4)=0$
したがって，$x+2=0$ または $x^2-2x+4=0$
よって，$\boldsymbol{x=-2,\ 1\pm\sqrt{3}\,i}$
$(2)P(x)=2x^4+2x^3-3x^2+x-2$ とおくと，
$P(1)=2+2-3+1-2$
$\qquad=0$
$P(-2)=32-16-12-2-2$
$\qquad\quad=0$
だから，$P(x)$ は $(x-1)(x+2)=x^2+x-2$ で割り切れる。

$$
\begin{array}{r}
2x^2\qquad\quad +1 \\
x^2+x-2\overline{)2x^4+2x^3-3x^2+x-2} \\
\underline{2x^4+2x^3-4x^2}\qquad\quad \\
x^2+x-2 \\
\underline{x^2+x-2} \\
0
\end{array}
$$

$P(x)=(x-1)(x+2)(2x^2+1)$
$P(x)=0$ より，$\boldsymbol{x=1,\ -2,\ \pm\dfrac{\sqrt{2}}{2}i}$

☑ 注意

整式 $P(x)$ で $P(a)=0$ を満たす a の候補は，

$$\pm\dfrac{\text{定数項の約数}}{\text{最高次の係数の約数}}$$

である。実際に代入してみて，$P(a)=0$ となるかどうか調べていく。
まずは，最高次の係数の約数は 1 から始めるとよい。
例えば，$P(x)=3x^3+7x^2-4$ ならば，

$\pm\dfrac{4\ \text{の約数}}{3\ \text{の約数}}$ で，a の候補は，

$\pm1,\ \pm2,\ \pm4,\ \pm\dfrac{1}{3},\ \pm\dfrac{2}{3},\ \pm\dfrac{4}{3}$ となる。

$(3)x^2-3x=t$ とおくと，与式は，
$t^2-2t-8=0$
$(t-4)(t+2)=0$
$(x^2-3x-4)(x^2-3x+2)=0$
$(x+1)(x-4)(x-1)(x-2)=0$
よって，$\boldsymbol{x=-1,\ 1,\ 2,\ 4}$

43 (1)方程式の係数は実数なので，$3-2i$ が解の 1 つのとき，共役な複素数 $3+2i$ もこの方程式の解

である。
　$3-2i$，$3+2i$ 以外の解を α とすると，3 次方程式の解と係数の関係から，
$(3-2i)+(3+2i)+\alpha=-a$，
$(3-2i)(3+2i)+(3+2i)\alpha+\alpha(3-2i)=-11$，
$(3-2i)(3+2i)\alpha=-b$
したがって，
$6+\alpha=-a$　……①
$6\alpha=-24$　……②
$13\alpha=-b$　……③
②より，$\alpha=-4$　……④
よって，実数解は $\boldsymbol{-4}$
$(2)(1)$の④を①，③に代入して，
$2=-a$，$-52=-b$
よって，$\boldsymbol{a=-2,\ b=52}$

44 3 次方程式の解と係数の関係から，
$\alpha+\beta+\gamma=0$，
$\alpha\beta+\beta\gamma+\gamma\alpha=-2$，
$\alpha\beta\gamma=-6$
$(1)\alpha^2+\beta^2+\gamma^2=(\alpha+\beta+\gamma)^2-2(\alpha\beta+\beta\gamma+\gamma\alpha)$
$\qquad\qquad\qquad=0^2-2\cdot(-2)=\boldsymbol{4}$
$(2)x^3-2x+6=0$ の解が α，β，γ であることより，
$x^3-2x+6=(x-\alpha)(x-\beta)(x-\gamma)$　……$(*)$
が成り立つ。
$(*)$の両辺に $x=2$ を代入すると，
$10=(2-\alpha)(2-\beta)(2-\gamma)$
$\{-(\alpha-2)\}\{-(\beta-2)\}\{-(\gamma-2)\}=10$
よって，$(\alpha-2)(\beta-2)(\gamma-2)=\boldsymbol{-10}$
$(3)\alpha^3+\beta^3+\gamma^3-3\alpha\beta\gamma$
$\quad=(\alpha+\beta+\gamma)(\alpha^2+\beta^2+\gamma^2-\alpha\beta-\beta\gamma-\gamma\alpha)$ より，
$\alpha^3+\beta^3+\gamma^3$
$\quad=(\alpha+\beta+\gamma)(\alpha^2+\beta^2+\gamma^2-\alpha\beta-\beta\gamma-\gamma\alpha)+3\alpha\beta\gamma$
$\quad=0+3\cdot(-6)=\boldsymbol{-18}$

第3章 ｜ 図形と方程式

⑪ 点の座標 (p.24～25)

45 $(1)\mathrm{AB}=|5-1|=\boldsymbol{4}$
$(2)\mathrm{AB}=|6-(-3)|=\boldsymbol{9}$

46 $(1)\mathrm{AB}=\sqrt{(4-0)^2+(1+1)^2}$
$\qquad\quad=\sqrt{16+4}$
$\qquad\quad=\boldsymbol{2\sqrt{5}}$
$\quad\mathrm{BC}=\sqrt{(2-4)^2+(5-1)^2}$
$\qquad\quad=\sqrt{4+16}$
$\qquad\quad=\boldsymbol{2\sqrt{5}}$
$(2)\mathrm{P}\left(\dfrac{1\cdot0+3\cdot4}{3+1},\ \dfrac{1\cdot(-1)+3\cdot1}{3+1}\right)=\mathbf{P}\left(\mathbf{3},\ \dfrac{\mathbf{1}}{\mathbf{2}}\right)$
$\quad\mathrm{Q}\left(\dfrac{-1\cdot0+3\cdot4}{3-1},\ \dfrac{-1\cdot(-1)+3\cdot1}{3-1}\right)=\mathbf{Q(6,\ 2)}$

(3) $\left(\dfrac{0+4+2}{3},\ \dfrac{-1+1+5}{3}\right)=\left(2,\ \dfrac{5}{3}\right)$

(4) $CA=\sqrt{(0-2)^2+(-1-5)^2}$
$\qquad =\sqrt{4+36}$
$\qquad =2\sqrt{10}$

これと(1)より, AB=BC=$2\sqrt{5}$ であることをあわせ, $AB^2+BC^2=CA^2$ が成り立つ。

よって, △ABC は∠**B**=**90°** の直角二等辺三角形である。

47 (1)点 P の座標を $(x,\ y)$ とする。

点 B に関して, 点 A と対称な点が P であるとは, 線分 AP の中点が B であることだから,

$\begin{cases} \dfrac{-1+x}{2}=3 \\ \dfrac{4+y}{2}=2 \end{cases}$

よって, $x=7,\ y=0$

したがって, **P(7, 0)**

別解 点 P は線分 AB を2:1に外分する点だから,

$P\left(\dfrac{-1\cdot(-1)+2\cdot3}{2-1},\ \dfrac{-1\cdot4+2\cdot2}{2-1}\right)=$**P(7, 0)**

(2)点 Q は x 軸上の点だから, その座標は Q$(x,\ 0)$ とおける。

$AQ=\sqrt{(x+1)^2+(0-4)^2}$
$BQ=\sqrt{(x-3)^2+(0-2)^2}$

AQ=BQ で AQ, BQ とも正だから, 両辺を平方して,

$AQ^2=BQ^2$
$(x+1)^2+16=(x-3)^2+4$

よって, $x=-\dfrac{1}{2}$

したがって, **Q$\left(-\dfrac{1}{2},\ 0\right)$**

⑫ 直線の方程式　(p.26〜28)

48 (1)$y-1=3(x+2)$
よって, $\boldsymbol{y=3x+7}$

(2)$y+1=\dfrac{9+1}{3+2}(x+2)$
$\quad y+1=2(x+2)$
よって, $\boldsymbol{y=2x+3}$

(3)2点の x 座標が等しいから, 求める直線の方程式は, $\boldsymbol{x=-2}$

49 2点 A, B を x 軸に関して対称に移動すると, それぞれ A(4, 0), B′(0, −3)に移る。この直線 AB′ が求めるものである。

$y=\dfrac{-3-0}{0-4}(x-4)$

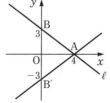

よって, $\boldsymbol{y=\dfrac{3}{4}x-3}$

50 (1)傾き2の直線に平行な直線, 垂直な直線の傾きはそれぞれ2, $-\dfrac{1}{2}$ だから,

平行な直線の方程式は,
$y-2=2(x+1)$
よって, $\boldsymbol{y=2x+4}$

垂直な直線の方程式は,
$y-2=-\dfrac{1}{2}(x+1)$
よって, $\boldsymbol{y=-\dfrac{1}{2}x+\dfrac{3}{2}}$

(2)$2x+3y-2=0$ を変形すると,
$y=-\dfrac{2}{3}x+\dfrac{2}{3}$

したがって, 傾き $-\dfrac{2}{3}$ の直線に平行な直線, 垂直な直線の傾きはそれぞれ $-\dfrac{2}{3},\ \dfrac{3}{2}$ だから,

平行な直線の方程式は,
$y-2=-\dfrac{2}{3}(x+1)$
よって, $\boldsymbol{y=-\dfrac{2}{3}x+\dfrac{4}{3}}$

垂直な直線の方程式は,
$y-2=\dfrac{3}{2}(x+1)$
よって, $\boldsymbol{y=\dfrac{3}{2}x+\dfrac{7}{2}}$

51 $k=0$ のとき, 2つの直線は $y=\dfrac{3}{2}$ と $x=1$ となり, 平行にはならない。したがって, $k\neq0$ である。

このとき, 2つの直線は,
$y=-\dfrac{k}{2}x+\dfrac{3}{2},\ y=-\dfrac{3}{k}x+\dfrac{3}{k}$

この2直線が平行なので,
$-\dfrac{k}{2}=-\dfrac{3}{k}\quad k^2=6$
よって, $\boldsymbol{k=\pm\sqrt{6}}$

52 求める直線は,
① 線分 AB に垂直である
② 線分 AB の中点を通る
の2つの条件を満たす。

①より, 線分 AB の傾きは,
$\dfrac{3-(-1)}{6-(-2)}=\dfrac{1}{2}$

これに垂直な直線の傾きは -2

②より, 線分 AB の中点の座標は,
$\left(\dfrac{-2+6}{2},\ \dfrac{-1+3}{2}\right)=(2,\ 1)$

ゆえに, 線分 AB の垂直二等分線は,
$y-1=-2(x-2)$

よって，**$y=-2x+5$**

53 求める点を B(p, q) とおく。

直線 ℓ の傾きは 2 であり，これに垂直な直線の傾きは $-\dfrac{1}{2}$ である。

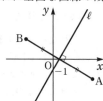

$\dfrac{q+1}{p-3}=-\dfrac{1}{2}$

すなわち，

$p+2q-1=0$ ……①

次に，線分 AB の中点が，

$\left(\dfrac{3+p}{2}, \dfrac{-1+q}{2}\right)$

これが ℓ 上にあるから，

$2\left(\dfrac{3+p}{2}\right)-\dfrac{-1+q}{2}-1=0$

$2p-q+5=0$ ……②

①，②を解くと，

$p=-\dfrac{9}{5}, \quad q=\dfrac{7}{5}$

よって，**$B\left(-\dfrac{9}{5}, \dfrac{7}{5}\right)$**

54 (1) $\dfrac{|3\cdot(-1)+4\cdot3+1|}{\sqrt{3^2+4^2}}=\mathbf{2}$

(2) 直線の式を $2x-y+1=0$ として，

$\dfrac{|2\cdot5-(-2)+1|}{\sqrt{2^2+(-1)^2}}=\dfrac{13}{\sqrt{5}}$

$=\mathbf{\dfrac{13\sqrt{5}}{5}}$

55 (1) $AB=\sqrt{(-4-0)^2+(0+2)^2}$

$=2\sqrt{5}$

また，△ABC の底辺を AB として考えたとき，高さ h は，点 C と直線 AB の距離である。

直線 AB は，

$y=-\dfrac{1}{2}x-2$

すなわち，

$x+2y+4=0$ であるから，

$h=\dfrac{|t+2t^2+4|}{\sqrt{1^2+2^2}}$

$=\dfrac{|2t^2+t+4|}{\sqrt{5}}$

よって，

$\triangle ABC=\dfrac{1}{2}\cdot2\sqrt{5}\cdot\dfrac{|2t^2+t+4|}{\sqrt{5}}$

$=|2t^2+t+4|$

(2) $\triangle ABC=|2t^2+t+4|$

$=\left|2\left(t+\dfrac{1}{4}\right)^2+\dfrac{31}{8}\right|$

$=2\left(t+\dfrac{1}{4}\right)^2+\dfrac{31}{8}$

これより，

$t=-\dfrac{1}{4}$ のとき，△ABC の面積の最小値は $\dfrac{31}{8}$

☑ **注意**

$|A|$ は，$A\geqq0$ のとき，$|A|=A$ である。

いま，$2t^2+t+4=2\left(t+\dfrac{1}{4}\right)^2+\dfrac{31}{8}$ より，絶対値の中が常に正であることがわかるので，

$|2t^2+t+4|=2\left(t+\dfrac{1}{4}\right)^2+\dfrac{31}{8}$ となる。

⑬ 円の方程式 $\hspace{2em}$ (p.29)

56 (1) **$(x-3)^2+(y-4)^2=25$**

(2) **$x^2+y^2=9$**

(3) 求める円の方程式を，

$(x-1)^2+(y+2)^2=r^2$

とする。点 (4, 2) を通ることから，

$(4-1)^2+(2+2)^2=r^2$

$r^2=25$

よって，**$(x-1)^2+(y+2)^2=25$**

57 (1) $x^2+y^2+6x+8y+21=0$

$(x^2+6x+9)+(y^2+8y+16)=-21+9+16$

$(x+3)^2+(y+4)^2=4$

よって，**中心が点 $(-3, -4)$ で，半径 2 の円**

(2) $x^2+y^2-4y-5=0$

$x^2+(y^2-4y+4)=5+4$

$x^2+(y-2)^2=9$

よって，**中心が点 $(0, 2)$ で，半径 3 の円**

58 求める円の方程式を，

$x^2+y^2+lx+my+n=0$ とする。

3 点 $(-2, -4)$, $(3, 1)$, $(-6, 4)$ を通るから，

$\begin{cases}4+16-2l-4m+n=0 \\ 9+1+3l+m+n=0 \\ 36+16-6l+4m+n=0\end{cases}$

すなわち，

$\begin{cases}-2l-4m+n=-20 & \text{……①} \\ 3l+m+n=-10 & \text{……②} \\ -6l+4m+n=-52 & \text{……③}\end{cases}$

①－②をして，-5 で割ると，

$l+m=2$ ……④

②－③をして，3 で割ると，

$3l-m=14$ ……⑤

④，⑤より，

$l=4, \quad m=-2$

②より，

$n=-3l-m-10=-20$

よって，**$x^2+y^2+4x-2y-20=0$**

☑ **注意**

円の方程式としては，おもに次の 2 つの表し方が用いられる。

⑦ 円の中心 (a, b) や半径 r がわかっているとき，
$$(x-a)^2+(y-b)^2=r^2$$
④ ⑦でないとき，
$$x^2+y^2+lx+my+n=0$$
⑦，④とも，定数の文字が 3 個ずつ含まれていることは同じである。

⑭ 円と直線 *(p.30～31)*

59 (1) $x^2+y^2=9$ と $y=x+4$ を連立して，
$$x^2+(x+4)^2=9$$
$$2x^2+8x+7=0$$
この 2 次方程式の判別式を D とすると，
$$\frac{D}{4}=4^2-2\cdot7=2>0$$
よって，**共有点は 2 個である。**

別解 円 $x^2+y^2=9$ は中心が原点で，半径 3 である。
原点と直線 $x-y+4=0$ との距離は，
$$d=\frac{|0-0+4|}{\sqrt{1^2+(-1)^2}}$$
$$=\frac{4}{\sqrt{2}}$$
$$=2\sqrt{2}$$
これより，$d<3$ だから，**共有点は 2 個である。**

(2) $(x-1)^2+(y-2)^2=4$ と $3x+4y=1$ を連立する。
$$y=-\frac{3}{4}x+\frac{1}{4} \text{ により，}$$
$$(x-1)^2+\left(-\frac{3}{4}x+\frac{1}{4}-2\right)^2=4$$
$$\frac{25}{16}x^2+\frac{5}{8}x+\frac{1}{16}=0$$
$$25x^2+10x+1=0$$
この 2 次方程式の判別式を D とすると，
$$\frac{D}{4}=25-25=0$$
よって，**共有点は 1 個である。**

別解1 上の解答の中で，
$$25x^2+10x+1=0$$
が求められたときに，変形して
$$(5x+1)^2=0$$
よって，$x=-\frac{1}{5}$

共有点の x 座標が 1 個（当然 y 座標も 1 個）であることから，**共有点は 1 個である。**

別解2 円 $(x-1)^2+(y-2)^2=4$ は中心が $(1, 2)$ で，半径 2 の円である。
中心 $(1, 2)$ と直線 $3x+4y=1$ との距離が，
$$d=\frac{|3\cdot1+4\cdot2-1|}{\sqrt{3^2+4^2}}$$
$$=2$$
となり，円の半径と等しくなるので，**共有点は 1**

個である。

60 $\begin{cases} x^2+y^2=1 & \cdots\cdots① \\ y=kx-3 & \cdots\cdots② \end{cases}$

①，②より，
$$x^2+(kx-3)^2=1$$
$$(k^2+1)x^2-6kx+8=0$$
これは，$k^2+1\neq0$ より，2 次方程式
この 2 次方程式の判別式を D として，異なる 2 点で交わることから，
$$\frac{D}{4}=9k^2-8(k^2+1)>0$$
$$k^2-8>0$$
$$(k+2\sqrt{2})(k-2\sqrt{2})>0$$
ゆえに，
$$\boldsymbol{k<-2\sqrt{2}, \ 2\sqrt{2}<k}$$

61 $-x+2y=5$
ゆえに，$\boldsymbol{x-2y+5=0}$

62 求める直線は傾きが 3 だから，
$y=3x+k$ とおける。
円 $x^2+y^2=25$ と連立して，
$$x^2+(3x+k)^2=25$$
$$10x^2+6kx+(k^2-25)=0$$
接するから，判別式を D として，
$$\frac{D}{4}=(3k)^2-10(k^2-25)$$
$$=0$$
$$-k^2+250=0$$
$$k=\pm5\sqrt{10}$$
よって，求める直線は，$\boldsymbol{y=3x\pm5\sqrt{10}}$

別解 求める直線を $y=3x+k$ とする。
原点からの距離が半径 5 だから，
$$\frac{|k|}{\sqrt{3^2+(-1)^2}}=5$$
$$|k|=5\sqrt{10}$$
$$k=\pm5\sqrt{10}$$
よって，求める直線は，$\boldsymbol{y=3x\pm5\sqrt{10}}$

63 $(-4, -8)$ は $x^2+y^2=16$ を満たさないから，円周上にない。そこで，円周上に接点 (x_1, y_1) をとると，(x_1, y_1) における接線の方程式は，
$$x_1x+y_1y=16 \ \cdots\cdots①$$
これが点 $(-4, -8)$ を通るから，
$$-4x_1-8y_1=16$$
$$x_1+2y_1=-4 \ \cdots\cdots②$$
また，点 (x_1, y_1) は円 $x^2+y^2=16$ 上の点であるから，
$$x_1^2+y_1^2=16 \ \cdots\cdots③$$
②，③を連立して，
$$(-2y_1-4)^2+y_1^2=16$$
$$5y_1^2+16y_1=0$$
$$y_1(5y_1+16)=0$$

$y_1=0, \quad -\dfrac{16}{5}$

$y_1=0$ のとき，②より，

$x_1=-4-2y_1=-4$

よって，接線の方程式は，$\boldsymbol{x=-4}$

$y_1=-\dfrac{16}{5}$ のとき，②より，

$x_1=-4-2y_1=\dfrac{12}{5}$

よって，接線の方程式は，

$\dfrac{12}{5}x-\dfrac{16}{5}y=16$

すなわち，$\boldsymbol{3x-4y=20}$

☑ **注意**

接点がわからない場合には，接点を $(x_1,\ y_1)$ とおいて考える。そのとき，接点は円周上の点であることに注意する。

⑮ 2つの円　　　　(p.32〜33)

64 $x^2+y^2=9$ ……①とする。

①は中心が原点，半径が3の円である。

$(1)(x+3)^2+(y-4)^2=4$
　　　　　　　　……②

とする。

②は中心が点 $(-3,\ 4)$，半径が2の円である。

2つの円①，②の中心間の距離を d_1 とすると，

$d_1=\sqrt{(-3)^2+4^2}=5$

また，①，②の半径の和は $3+2=5$ で d_1 に等しいので，①，②は**外接する**。

$(2)(x-4)^2+(y-4)^2=12$
　　　　　　　　……③

とする。

③は中心が点 $(4,\ 4)$，半径が $2\sqrt{3}$ の円である。

2つの円①，③の中心間の距離を d_2 とすると，

$d_2=\sqrt{4^2+4^2}=4\sqrt{2}$

なので，$2\sqrt{3}-3<d_2<2\sqrt{3}+3$

2つの円①，③は**2点で交わる**。

65 (1)円 $x^2+y^2=4$ は，中心が原点，半径が2の円である。

2つの円の中心間の距離は

$\sqrt{3^2+(-4)^2}=5$

2つの円が外接するとき，円 C の半径を r とすると，$5=r+2$

$r=3$

よって，円 C の方程式は，

$\boldsymbol{(x-3)^2+(y+4)^2=9}$

(2)円 $x^2+y^2=5$ は，中心が原点，半径が $\sqrt{5}$ の円である。

2つの円の中心間の距離は，

$\sqrt{3^2+(-6)^2}=3\sqrt{5}$

2つの円が内接するとき，円 C の半径を r とすると，

$3\sqrt{5}=r-\sqrt{5}$

$r=4\sqrt{5}$

よって，円 C の方程式は，

$\boldsymbol{(x-3)^2+(y+6)^2=80}$

66 $\begin{cases} x^2+y^2-20=0 & \cdots\cdots① \\ x^2+y^2-3x-y-10=0 & \cdots\cdots② \end{cases}$

①−②から，

$3x+y-10=0$

$y=-3x+10 \quad \cdots\cdots③$

③を①に代入すると，

$x^2+(-3x+10)^2-20=0$

$x^2-6x+8=0$

$(x-2)(x-4)=0$

$x=2,\ 4$

これらをそれぞれ③に代入して

$x=2$ のとき $y=4$

$x=4$ のとき $y=-2$

よって，共有点の座標は，

$\boldsymbol{(2,\ 4),\ (4,\ -2)}$

67 k を定数として

$k(x^2+y^2-6x-4y+9)$
　　$+(x^2+y^2-2y-9)=0 \quad \cdots\cdots①$

とすると，①は2つの円

$x^2+y^2-6x-4y+9=0,\ x^2+y^2-2y-9=0$

の交点を通る図形を表す。

①が原点を通るとすると，

①に $x=0,\ y=0$ を代入して

$9k-9=0$

$k=1$

これを①に代入して整理すると，

$x^2+y^2-3x-3y=0$

よって，求める円の方程式は

$\boldsymbol{x^2+y^2-3x-3y=0}$

68 (1)②を変形すると $x^2-2kx+k^2+y^2=k^2-3k$

$(x-k)^2+y^2=k^2-3k$

これが円の方程式を表すためには，

$k^2-3k>0$

$k(k-3)>0$

よって，$\boldsymbol{k<0,\ 3<k} \quad \cdots\cdots③$

(2)①，②から，x^2，y^2 を消去して，

$2kx-3k=1$

x について整理すると，

$x=\dfrac{3}{2}+\dfrac{1}{2k}$ ……④

③の条件下で，①，②が異なる2つの共有点もつことは，①と④が異なる2つの共有点をもつことと同義である。

④は，y 軸に平行な直線なので，①と④が異なる2つの共有点をもつには，k が

$-1<\dfrac{3}{2}+\dfrac{1}{2k}<1$

を満たせばよい。

よって，$-1<k<-\dfrac{1}{5}$

これは，③を満たしている。

(3)$k=4$ のとき，②の式に代入して，

$(x-4)^2+y^2=4=2^2$

となり，②の中心の座標は $(4,0)$，半径は2である。①上の点をPとして，その座標を (p,q) とすると，点Pにおける①の接線の方程式は，

$px+qy=1$ ……⑤

⑤が①，②の共通接線となるためには，②の中心 $(4,0)$ と⑤の距離が②の半径2となればよい。

よって，

$\dfrac{|4p+0\cdot q-1|}{\sqrt{p^2+q^2}}=2$

ここで，点Pは①上の点により，

$p^2+q^2=1$ ……⑥

よって，

$|4p-1|=2$

$4p-1=\pm2$

$p=-\dfrac{1}{4},\ \dfrac{3}{4}$

(ⅰ)$p=-\dfrac{1}{4}$ のとき，

⑥から $q^2=1-p^2=\dfrac{15}{16}$

$q=\pm\dfrac{\sqrt{15}}{4}$

(ⅱ)$p=\dfrac{3}{4}$ のとき，

⑥から，$q^2=1-p^2=\dfrac{7}{16}$

$q=\pm\dfrac{\sqrt{7}}{4}$

(ⅰ)，(ⅱ)より，求める共通接線の方程式は，

$3x\pm\sqrt{7}\,y=4,\ x\pm\sqrt{15}\,y=-4$

⑯ 軌跡と方程式　(p.34〜35)

69 点Pの座標を (x,y) とすると，

$AP=\sqrt{(x+2)^2+(y-1)^2}$

$BP=\sqrt{(x-4)^2+(y+3)^2}$

これらを条件の式

$AP=BP$ ……①

に代入して，平方し，整理すると，

$(x+2)^2+(y-1)^2=(x-4)^2+(y+3)^2$

$3x-2y-5=0$ ……②

逆に，②を満たす点 (x,y) は条件①を満たす。②の直線全体が求めるものである。

よって，求める軌跡は，

直線 $3x-2y-5=0$

☑注意
「軌跡を求めよ」に対して，結果を図形的に答える際は，円ならば中心の座標と半径を答える。また，直線ならば，直線 $3x-2y-5=0$，放物線ならば，放物線 $y=x^2+x-3$ などと答える。

70 点Pの座標を (x,y) とすると，

$AP=\sqrt{(x+3)^2+y^2}$

$BP=\sqrt{(x-2)^2+y^2}$

与えられた条件より，

$AP:BP=3:2$ ……①

つまり，$2AP=3BP$

$4AP^2=9BP^2$

よって，

$4\{(x+3)^2+y^2\}=9\{(x-2)^2+y^2\}$

$5x^2+5y^2-60x=0$

$x^2+y^2-12x=0$

$(x-6)^2+y^2=36$ ……②

逆に，②を満たす点は条件を満たす。

よって，求める軌跡は，**中心が $(6,0)$，半径6の円である**。

71 (1)線分 AQ の中点が P であるから，

$x=\dfrac{s}{2},\ y=\dfrac{t-4}{2}$ ……①

これを変形して，

$s=2x,\ t=2y+4$ ……②

(2)点 Q(s,t) は円 $(x-2)^2+y^2=36$ 上の点だから，

$(s-2)^2+t^2=36$ ……③

②を③に代入して，

$(2x-2)^2+(2y+4)^2=36$

$(x-1)^2+(y+2)^2=9$ ……④

逆に，④上の点は条件を満たす。

よって，求める軌跡は，**中心が $(1,-2)$ で，半径3の円である**。

☑注意
$(2x-2)^2+(2y+4)^2=36$ からの変形については，一度展開してからまとめるのではなく，

$\{2(x-1)\}^2+\{2(y+2)\}^2=36$

$4(x-1)^2+4(y+2)^2=36$

より，両辺を4で割るとよい。

このとき，両辺を2で割るのではないことに注意する。

72 点Pの座標を (x,y)，点Qの座標を (s,t) とおく。

線分 AQ の中点が P であるから,

$x=\dfrac{s+3}{2}$, $y=\dfrac{t+1}{2}$ ……①

これを変形して,

$s=2x-3$, $t=2y-1$ ……②

また,点 Q$(s,\ t)$ は直線 $y=2x+5$ 上の点だから,

$t=2s+5$ ……③

②を③に代入して,

$2y-1=2(2x-3)+5$

$y=2x$ ……④

逆に,④上の点は条件を満たす.

よって,求める軌跡は,**直線 $y=2x$** である.

⑰不等式の表す領域　　（p.36〜37）

73 (1) 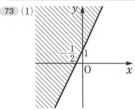　(2)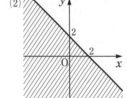

図の斜線部分で　　　　図の斜線部分で
境界線は含まない。　　境界線は含まない。

(3) 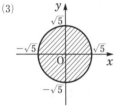　(4)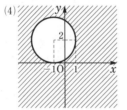

図の斜線部分で　　　　図の斜線部分で
境界線は含まない。　　境界線を含む。

74 (1) 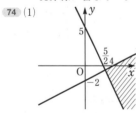　(2)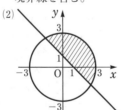

図の斜線部分で　　　　図の斜線部分で
境界線は含まない。　　境界線を含む。

(3) $x^2+y^2-4y>0$ は,
$x^2+(y-2)^2>4$
となる。
$x^2+y^2-6x-2y+1<0$
は,
$(x-3)^2+(y-1)^2<9$
となる。

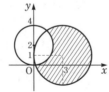

図の斜線部分で境界線は含まない。

(4) $(x-y)(x^2+y^2-4)\leqq0$ となるのは,次の㋐または㋑の場合である。

㋐ $\begin{cases} x-y\geqq0 \\ x^2+y^2-4\leqq0 \end{cases}$

㋑ $\begin{cases} x-y\leqq0 \\ x^2+y^2-4\geqq0 \end{cases}$

㋐のとき,

$x-y\geqq0$ より,$y\leqq x$ ……①

$x^2+y^2-4\leqq0$ より,$x^2+y^2\leqq4$ ……②

㋑のとき,

$x-y\leqq0$ より,$y\geqq x$ ……③

$x^2+y^2-4\geqq0$ より,$x^2+y^2\geqq4$ ……④

㋐または㋑より,①と②の共通部分,③と④の共通部分の両方を図示すると,図の斜線部分で境界線を含む。

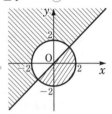

75 (1) $x+2y\geqq4$ より,$y\geqq-\dfrac{1}{2}x+2$

$2x+y\leqq14$ より,$y\leqq-2x+14$

$x-y\geqq-2$ より,$y\leqq x+2$

$y\geqq0$

これら4つの共通部分が領域Dとなり,図の斜線部分で境界線を含む。

(2) $x+3y=k$ とおくと,次のようになる。

$y=-\dfrac{x}{3}+\dfrac{k}{3}$

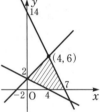

y切片が $\dfrac{k}{3}$ であり,k の係数が正だから,

k が最大 $\Longleftrightarrow$ y切片が最大

k が最小 $\Longleftrightarrow$ y切片が最小

直線 $y=-\dfrac{x}{3}+\dfrac{k}{3}$ が

点 $(4,\ 6)$ を通るとき,k は最大となり,

点 $(4,\ 0)$ を通るとき,k は最小となる。

よって,

$x=4$,$y=6$ のとき,**最大値22**

$x=4$,$y=0$ のとき,**最小値4**

☑注意
(1)で求めた領域Dに対して,境界線の傾きが

$-\dfrac{1}{2}$,-2,1,0

であり,$y=-\dfrac{1}{3}x+\dfrac{k}{3}$

の傾きが $-\dfrac{1}{3}$ である。

よって,直線

$y=-\dfrac{1}{3}x+\dfrac{k}{3}$ が点

$(4,\ 6)$ を通るときにy切片が最大,点 $(4,\ 0)$

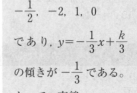
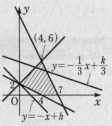

を通るときに y 切片が最小となる。

動かす直線が $y=-x+h$ ならば，傾きが -1 だから，点 $(4,6)$ を通るときに y 切片が最大で，点 $(0,2)$ を通るときに y 切片が最小となる。

したがって，傾きに関して十分注意しながら領域を図示しないと，最大・最小を与える点を取り違えてしまうおそれがある。

第4章 ｜ 三角関数

⑱ 一般角と弧度法　　　　　*(p.38〜39)*

76 (1)　　　　　　　　　　(2)

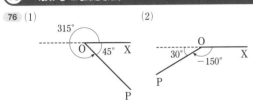

(3)　　　　　　　　　　(4)

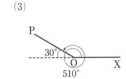 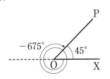

77 $210°=210°+360°×0$

$570°=210°+360°×1$

$750°=30°+360°×2$

$-30°=330°+360°×(-1)$

$-330°=30°+360°×(-1)$

$-450°=270°+360°×(-2)$

よって，求める角は $750°$，$-330°$

78 (1)$\dfrac{\pi}{180}×75=\dfrac{5}{12}\pi$

(2)$\dfrac{\pi}{180}×240=\dfrac{4}{3}\pi$

(3)$\dfrac{\pi}{180}×(-210)=-\dfrac{7}{6}\pi$

(4)$\dfrac{\pi}{180}×315=\dfrac{7}{4}\pi$

79 (1)$\dfrac{180}{\pi}×\dfrac{7}{4}\pi=315$　よって，**315°**

(2)$\dfrac{180}{\pi}×\dfrac{9}{5}\pi=324$　よって，**324°**

(3)$\dfrac{180}{\pi}×\left(-\dfrac{5}{2}\pi\right)=-450$　よって，**$-450°$**

(4)$\dfrac{180}{\pi}×\dfrac{7}{12}\pi=105$　よって，**105°**

80 弧の長さを l，面積を S とする。

(1)$l=2\cdot\pi\cdot6\cdot\dfrac{120}{360}=4\pi$，　$S=\pi\cdot6^2\cdot\dfrac{120}{360}=12\pi$

(2)$l=4\cdot\dfrac{2}{5}\pi=\dfrac{8}{5}\pi$，　$S=\dfrac{1}{2}\cdot4^2\cdot\dfrac{2}{5}\pi=\dfrac{16}{5}\pi$

(3)$l=6\cdot\dfrac{7}{6}\pi=7\pi$，　$S=\dfrac{1}{2}\cdot6^2\cdot\dfrac{7}{6}\pi=21\pi$

⑲ 三角関数　　　　　　　*(p.40〜41)*

81 (1)単位円で $\dfrac{2}{3}\pi$ の動径をとる。そのときの円周上の点が $\left(-\dfrac{1}{2},\ \dfrac{\sqrt{3}}{2}\right)$ となるから，

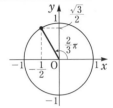

$\sin\dfrac{2}{3}\pi=y=\dfrac{\sqrt{3}}{2}$

$\cos\dfrac{2}{3}\pi=x=-\dfrac{1}{2}$

$\tan\dfrac{2}{3}\pi=\dfrac{y}{x}$

$=\dfrac{\sqrt{3}}{2}\div\left(-\dfrac{1}{2}\right)$

$=-\sqrt{3}$

(2)(1)と同様に $\dfrac{5}{6}\pi$ の動径をとると，

$\sin\dfrac{5}{6}\pi=\dfrac{1}{2}$

$\cos\dfrac{5}{6}\pi=-\dfrac{\sqrt{3}}{2}$

$\tan\dfrac{5}{6}\pi=\dfrac{1}{2}\div\left(-\dfrac{\sqrt{3}}{2}\right)$

$=-\dfrac{1}{\sqrt{3}}$

82 (1)$\sin^2\theta+\cos^2\theta=1$ から

$\sin\theta=\pm\sqrt{1-\cos^2\theta}=\pm\sqrt{1-\left(-\dfrac{4}{5}\right)^2}=\pm\dfrac{3}{5}$

θ は第2象限の角より，$\sin\theta>0$

よって，$\sin\theta=\dfrac{3}{5}$

$\tan\theta=\dfrac{\sin\theta}{\cos\theta}=\dfrac{3}{5}\div\left(-\dfrac{4}{5}\right)$

$\tan\theta=-\dfrac{3}{4}$

(2)$1+\tan^2\theta=\dfrac{1}{\cos^2\theta}$ より，

$\cos^2\theta=\dfrac{1}{1+\tan^2\theta}$

$=\dfrac{1}{1+(-3)^2}$

$=\dfrac{1}{10}$

θ は第4象限の角だから，$\cos\theta>0$

よって，$\cos\theta=\dfrac{1}{\sqrt{10}}=\dfrac{\sqrt{10}}{10}$

また，$\tan\theta=\dfrac{\sin\theta}{\cos\theta}$ より，

$$\sin\theta=\tan\theta\cdot\cos\theta$$
$$=(-3)\cdot\dfrac{\sqrt{10}}{10}$$
$$=-\dfrac{3\sqrt{10}}{10}$$

83 (1)左辺
$$=\tan^2\theta+2\tan\theta\cos\theta+\cos^2\theta$$
$$\quad-(\tan^2\theta-2\tan\theta\cos\theta+\cos^2\theta)$$
$$=4\tan\theta\cos\theta=4\dfrac{\sin\theta}{\cos\theta}\cos\theta=4\sin\theta=右辺$$

(2)左辺$=\dfrac{\cos^2\theta-\sin^2\theta}{\sin^2\theta+\cos^2\theta+2\sin\theta\cos\theta}$
$$=\dfrac{(\cos\theta+\sin\theta)(\cos\theta-\sin\theta)}{(\sin\theta+\cos\theta)^2}$$
$$=\dfrac{\cos\theta-\sin\theta}{\cos\theta+\sin\theta}$$

右辺$=\dfrac{1-\dfrac{\sin\theta}{\cos\theta}}{1+\dfrac{\sin\theta}{\cos\theta}}=\dfrac{\cos\theta-\sin\theta}{\cos\theta+\sin\theta}$

よって，左辺$=$右辺

84 (1)$\sin\theta+\cos\theta=\dfrac{1}{3}$ の両辺を 2 乗すると，

$$(\sin\theta+\cos\theta)^2=\dfrac{1}{9}$$
$$\sin^2\theta+2\sin\theta\cos\theta+\cos^2\theta=\dfrac{1}{9}$$
$$1+2\sin\theta\cos\theta=\dfrac{1}{9}$$

よって，$\sin\theta\cos\theta=-\dfrac{4}{9}$

(2)$(\sin\theta-\cos\theta)^2=\sin^2\theta-2\sin\theta\cos\theta+\cos^2\theta$
$$=1-2\sin\theta\cos\theta$$
$$=1-2\cdot\left(-\dfrac{4}{9}\right)$$
$$=\dfrac{17}{9}$$

ここで，

$\pi<\theta<2\pi$ かつ $\sin\theta\cos\theta=-\dfrac{4}{9}<0$ より，

$\dfrac{3}{2}\pi<\theta<2\pi$

これより，$\sin\theta<0$，$\cos\theta>0$ より，
$\sin\theta-\cos\theta<0$

よって，$\sin\theta-\cos\theta=-\dfrac{\sqrt{17}}{3}$

☑**注意**
$\pi<\theta<2\pi$ において，$\sin\theta\cos\theta<0$ であることから，
$\sin\theta<0$，$\cos\theta>0$
であることに注意する。

⑳三角関数の性質 (p.42〜43)

85 (1)$\dfrac{13}{6}\pi=\dfrac{\pi}{6}+2\pi$ であるから，

$\dfrac{13}{6}\pi$ の動径は，$\dfrac{\pi}{6}$ の
動径と一致する。

$\dfrac{\pi}{6}$ の動径と原点を中
心とする半径が 2 の
円との交点を P とす
ると，P の座標は
$(\sqrt{3}，1)$ である。
よって，

$\sin\dfrac{13}{6}\pi=\dfrac{1}{2}$

$\cos\dfrac{13}{6}\pi=\dfrac{\sqrt{3}}{2}$

$\tan\dfrac{13}{6}\pi=\dfrac{1}{\sqrt{3}}$

(2)$-\dfrac{\pi}{4}$ の動径と原点を

中心とする半径が $\sqrt{2}$

の円との交点を P と
すると，P の座標は
$(1，-1)$ である。
よって，

$\sin\left(-\dfrac{\pi}{4}\right)=-\dfrac{1}{\sqrt{2}}$

$\cos\left(-\dfrac{\pi}{4}\right)=\dfrac{1}{\sqrt{2}}$

$\tan\left(-\dfrac{\pi}{4}\right)=-1$

86 (1)$\sin150°=\sin(180°-30°)=\sin30°=\dfrac{1}{2}$

(2)$\cos(-30°)=\cos30°=\dfrac{\sqrt{3}}{2}$

(3)$\cos\dfrac{5}{3}\pi=\cos\left(\dfrac{2}{3}\pi+\pi\right)=-\cos\dfrac{2}{3}\pi$
$$=-\cos\left(\pi-\dfrac{\pi}{3}\right)=-\left(-\cos\dfrac{\pi}{3}\right)=\dfrac{1}{2}$$

(4)$\sin\dfrac{17}{6}\pi=\sin\left(\dfrac{5}{6}\pi+2\pi\right)=\sin\dfrac{5}{6}\pi$
$$=\sin\left(\pi-\dfrac{\pi}{6}\right)=\sin\dfrac{\pi}{6}=\dfrac{1}{2}$$

(5)$\cos\left(-\dfrac{7}{6}\pi\right)=\cos\dfrac{7}{6}\pi=\cos\left(\dfrac{\pi}{6}+\pi\right)$
$$=-\cos\dfrac{\pi}{6}=-\dfrac{\sqrt{3}}{2}$$

(6)$\tan\left(-\dfrac{5}{3}\pi\right)=\tan\left(\dfrac{\pi}{3}-2\pi\right)=\tan\dfrac{\pi}{3}=\sqrt{3}$

87 (1)$\sin\left(\theta+\dfrac{\pi}{2}\right)+\sin(-\theta)+\cos\left(\dfrac{\pi}{2}-\theta\right)$
$$+\cos(\pi-\theta)$$

$$=\cos\theta-\sin\theta+\sin\theta-\cos\theta$$
$$=0$$

(2)$\cos\left(\theta+\dfrac{\pi}{2}\right)\sin(\theta+\pi)-\sin\left(\theta+\dfrac{\pi}{2}\right)\cos(\theta+\pi)$

$$=-\sin\theta(-\sin\theta)-\cos\theta(-\cos\theta)$$
$$=\sin^2\theta+\cos^2\theta$$
$$=1$$

(3)$\tan(\theta+\pi)+\tan\left(\theta+\dfrac{\pi}{2}\right)+\tan\left(\dfrac{\pi}{2}-\theta\right)$
$$\qquad+\tan(\pi-\theta)$$
$$=\tan\theta-\dfrac{1}{\tan\theta}+\dfrac{1}{\tan\theta}-\tan\theta$$
$$=0$$

88 (1)$\cos^2(60°+\theta)+\cos^2(30°-\theta)$
$$=\cos^2(60°+\theta)+\cos^2\{90°-(60°+\theta)\}$$
$$=\cos^2(60°+\theta)+\sin^2(60°+\theta)$$
$$=1$$

(2)$\sin\dfrac{20}{3}\pi=\sin\left(\dfrac{2}{3}\pi+6\pi\right)=\sin\dfrac{2}{3}\pi=\dfrac{\sqrt{3}}{2}$

$\tan\left(-\dfrac{11}{6}\pi\right)=-\tan\dfrac{11}{6}\pi$
$$\qquad\qquad=-\tan\left(\dfrac{5}{6}\pi+\pi\right)=-\tan\dfrac{5}{6}\pi$$
$$\qquad\qquad=-\left(-\dfrac{1}{\sqrt{3}}\right)=\dfrac{1}{\sqrt{3}}$$

$\cos\left(-\dfrac{4}{3}\pi\right)=\cos\dfrac{4}{3}\pi=\cos\left(\dfrac{\pi}{3}+\pi\right)$
$$\qquad\qquad=-\cos\dfrac{\pi}{3}=-\dfrac{1}{2}$$

$\tan\dfrac{15}{4}\pi=\tan\left(\dfrac{3}{4}\pi+2\pi+\pi\right)=\tan\left(\dfrac{3}{4}\pi+2\pi\right)$
$$\qquad\qquad=\tan\dfrac{3}{4}\pi=-1$$

よって,
$$\sin\dfrac{20}{3}\pi\tan\left(-\dfrac{11}{6}\pi\right)+\cos\left(-\dfrac{4}{3}\pi\right)\tan\dfrac{15}{4}\pi$$
$$=\dfrac{\sqrt{3}}{2}\times\dfrac{1}{\sqrt{3}}+\left(-\dfrac{1}{2}\right)\times(-1)$$
$$=\dfrac{1}{2}+\dfrac{1}{2}=1$$

89 $\alpha+\beta+\gamma=180°$ より, $\alpha+\beta=180°-\gamma$
$$\sin\dfrac{\alpha+\beta}{2}=\sin\dfrac{180°-\gamma}{2}=\sin\left(90°-\dfrac{\gamma}{2}\right)=\cos\dfrac{\gamma}{2}$$
よって,
$$\sin\dfrac{\alpha+\beta}{2}=\cos\dfrac{\gamma}{2}$$

㉑ 三角関数のグラフ (p.44~45)

90 (1)
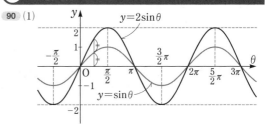

(2)
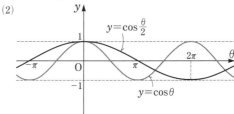

(3)
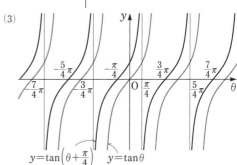

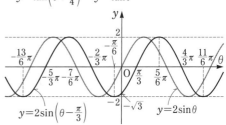

☑ **注意**

a を 0 でない定数とするとき,

・$y=\sin a\theta$ の**基本周期**(正である最小の周期)

は $\dfrac{2\pi}{|a|}$ である。

・$y=\cos a\theta$ と $y=\tan a\theta$ の**基本周期**は,

それぞれ $\dfrac{2\pi}{|a|}$, $\dfrac{\pi}{|a|}$ である。

・$y=f(\theta-p)$ のグラフは, $y=f(\theta)$ のグラフ

を θ 軸方向に p だけ平行移動したものである。

91 (1)$f(x)=2x^4$ とおくと,
$$f(-x)=2(-x)^4=2x^4=f(x)$$
よって, **偶関数**

(2)$f(x)=x^3-3x$ とおくと,
$$f(-x)=(-x)^3-3(-x)=-x^3+3x=-f(x)$$
よって, **奇関数**

(3)$f(x)=2\sin x$ とおくと,
$$f(-x)=2\sin(-x)=-2\sin x=-f(x)$$

よって，**奇関数**

(4) $f(x)=-\cos x$ とおくと，

$f(-x)=-\cos(-x)=-\cos x=f(x)$

よって，**偶関数**

㉒ 三角関数を含む方程式・不等式 （p.46〜47）

92 (1)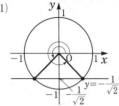

$0\leq\theta<2\pi$ より，

$$\theta=\frac{5}{4}\pi,\ \frac{7}{4}\pi$$

(2)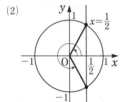

$0\leq\theta<2\pi$ より，

$$\theta=\frac{\pi}{3},\ \frac{5}{3}\pi$$

(3)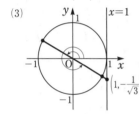

$\tan\theta=-\dfrac{1}{\sqrt{3}}$ として，

$0\leq\theta<2\pi$ より，

$$\theta=\frac{5}{6}\pi,\ \frac{11}{6}\pi$$

(4)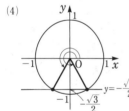

$\sin\theta=-\dfrac{\sqrt{3}}{2}$ として，

$0\leq\theta<2\pi$ より，

$$\theta=\frac{4}{3}\pi,\ \frac{5}{3}\pi$$

☑**注意**

$\tan\theta=\alpha$ を考えるときに，角 θ の動径をとったときの円周上の点を $\mathrm{P}(x,\ y)$ として，

$\tan\theta=\dfrac{y}{x}$ によって求めようとすると，x と y をいくらにすればいいかがわかりにくい。

そこで，単位円で直線 $x=1$ 上に点 $\mathrm{Q}(1,\ \alpha)$ をとり，$\tan\theta$ の定義を考えると，$\tan\theta=\alpha$ となって，考えやすくなる。

よって，$\tan\theta=\alpha$ の場合だけ，直線 $x=1$ を引いて求めるとよい。

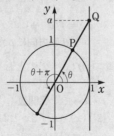

なお，$\tan(\theta+\pi)=\tan\theta$ であることに留意して，他の角も求めること。

93 (1)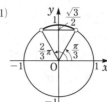

図の太線部分が，求める範囲である。

$0\leq\theta<2\pi$ より，

$$\frac{\pi}{3}<\theta<\frac{2}{3}\pi$$

(2)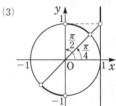

図の太線部分が，求める範囲である。

$0\leq\theta<2\pi$ より，

$$\frac{3}{4}\pi\leq\theta\leq\frac{5}{4}\pi$$

(3)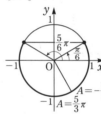

図の太線部分が，求める範囲である。

$0\leq\theta<2\pi$ より，

$$\frac{\pi}{4}<\theta<\frac{\pi}{2},$$

$$\frac{5}{4}\pi<\theta<\frac{3}{2}\pi$$

(4) $\theta-\dfrac{\pi}{3}=A$ とおくと，$0\leq\theta<2\pi$ より，

$-\dfrac{\pi}{3}\leq A<\dfrac{5}{3}\pi$ の範囲で $\sin A\leq\dfrac{1}{2}$ を解けばよい。

図の太線部分が，A の範囲である。

したがって，

$-\dfrac{\pi}{3}\leq A\leq\dfrac{\pi}{6},$

$\dfrac{5}{6}\pi\leq A<\dfrac{5}{3}\pi$

つまり，

$$-\frac{\pi}{3}\leq\theta-\frac{\pi}{3}\leq\frac{\pi}{6},\ \frac{5}{6}\pi\leq\theta-\frac{\pi}{3}<\frac{5}{3}\pi$$

よって，$\mathbf{0\leq\theta\leq\dfrac{\pi}{2},\ \dfrac{7}{6}\pi\leq\theta<2\pi}$

94 (1) $2\sin^2\theta+\sin\theta-1=0$

$(2\sin\theta-1)(\sin\theta+1)=0$

よって，$\sin\theta=\dfrac{1}{2},\ -1$

$\sin\theta=\dfrac{1}{2}$ のとき，$0\leq\theta<2\pi$ より，

$\theta=\dfrac{\pi}{6},\ \dfrac{5}{6}\pi$

$\sin\theta=-1$ のとき，$0\leq\theta<2\pi$ より，

$\theta=\dfrac{3}{2}\pi$

したがって，$\theta=\dfrac{\pi}{6},\ \dfrac{5}{6}\pi,\ \dfrac{3}{2}\pi$

(2) $2\cos^2\theta-1\geq0$

$2\cos^2\theta\geq1$

$\cos^2\theta \geqq \dfrac{1}{2}$ より,

$\cos\theta \leqq -\dfrac{1}{\sqrt{2}}, \quad \dfrac{1}{\sqrt{2}} \leqq \cos\theta$

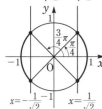

$x=-\dfrac{1}{\sqrt{2}}$ ㅤ $x=\dfrac{1}{\sqrt{2}}$

図の太線部分が, 求める範囲である。
$0 \leqq \theta < 2\pi$ より,

$0 \leqq \theta \leqq \dfrac{\pi}{4}$,

$\dfrac{3}{4}\pi \leqq \theta \leqq \dfrac{5}{4}\pi$,

$\dfrac{7}{4}\pi \leqq \theta < 2\pi$

☑ 注意

三角関数を含む方程式や不等式で, θ の範囲に制限がない場合は,

$\theta = \dfrac{2}{3}\pi + 2n\pi$ (n は整数)

のように, 一般角で答える。

㉓ 加法定理 (p.48〜49)

95 (1) $\sin 165° = \sin(120° + 45°)$

$= \sin 120° \cos 45° + \cos 120° \sin 45°$

$= \dfrac{\sqrt{3}}{2} \cdot \dfrac{1}{\sqrt{2}} + \left(-\dfrac{1}{2}\right) \cdot \dfrac{1}{\sqrt{2}}$

$= \dfrac{\sqrt{3} - 1}{2\sqrt{2}}$

$= \dfrac{\sqrt{6} - \sqrt{2}}{4}$

(2) $\cos \dfrac{\pi}{12} = \cos\left(\dfrac{\pi}{4} - \dfrac{\pi}{6}\right)$

$= \cos\dfrac{\pi}{4}\cos\dfrac{\pi}{6} + \sin\dfrac{\pi}{4}\sin\dfrac{\pi}{6}$

$= \dfrac{1}{\sqrt{2}} \cdot \dfrac{\sqrt{3}}{2} + \dfrac{1}{\sqrt{2}} \cdot \dfrac{1}{2}$

$= \dfrac{\sqrt{3} + 1}{2\sqrt{2}}$

$= \dfrac{\sqrt{6} + \sqrt{2}}{4}$

(3) $\tan \dfrac{5}{12}\pi = \tan\left(\dfrac{\pi}{4} + \dfrac{\pi}{6}\right)$

$= \dfrac{\tan\dfrac{\pi}{4} + \tan\dfrac{\pi}{6}}{1 - \tan\dfrac{\pi}{4}\tan\dfrac{\pi}{6}}$

$= \dfrac{1 + \dfrac{1}{\sqrt{3}}}{1 - 1 \cdot \dfrac{1}{\sqrt{3}}}$

$= \dfrac{\sqrt{3} + 1}{\sqrt{3} - 1}$

$= \dfrac{(\sqrt{3} + 1)^2}{(\sqrt{3} - 1)(\sqrt{3} + 1)}$

$= \dfrac{4 + 2\sqrt{3}}{2}$

$= 2 + \sqrt{3}$

96 α, β がともに鋭角だから,

$\sin\alpha > 0, \quad \sin\beta > 0$

ゆえに,

$\sin\alpha = \sqrt{1 - \cos^2\alpha}$

$= \sqrt{1 - \left(\dfrac{4}{5}\right)^2}$

$= \dfrac{3}{5}$

$\sin\beta = \sqrt{1 - \cos^2\beta}$

$= \sqrt{1 - \left(\dfrac{5}{13}\right)^2}$

$= \dfrac{12}{13}$

したがって,

$\sin(\alpha + \beta) = \sin\alpha\cos\beta + \cos\alpha\sin\beta$

$= \dfrac{3}{5} \cdot \dfrac{5}{13} + \dfrac{4}{5} \cdot \dfrac{12}{13}$

$= \dfrac{63}{65}$

97 α が鋭角, β が鈍角だから,

$\cos\alpha > 0, \quad \cos\beta < 0$

である。

ゆえに,

$\cos\alpha = \sqrt{1 - \sin^2\alpha}$

$= \sqrt{1 - \left(\dfrac{2}{3}\right)^2}$

$= \dfrac{\sqrt{5}}{3}$

$\cos\beta = -\sqrt{1 - \sin^2\beta}$

$= -\sqrt{1 - \left(\dfrac{2\sqrt{2}}{3}\right)^2}$

$= -\sqrt{1 - \dfrac{8}{9}}$

$= -\dfrac{1}{3}$

したがって,

$\cos(\alpha + \beta) = \cos\alpha\cos\beta - \sin\alpha\sin\beta$

$= \dfrac{\sqrt{5}}{3} \cdot \left(-\dfrac{1}{3}\right) - \dfrac{2}{3} \cdot \dfrac{2\sqrt{2}}{3}$

$= \dfrac{-\sqrt{5} - 4\sqrt{2}}{9}$

98 (1) 2 直線 $y = -3x$, $y = 2x$ が x 軸の正方向となす角をそれぞれ α, β とすると, 図より, 2 直線のなす角 θ は $\theta = \alpha - \beta$ である。

$\tan\alpha = -3, \quad \tan\beta = 2$ だから,

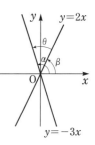

$$\tan\theta=\tan(\alpha-\beta)=\frac{\tan\alpha-\tan\beta}{1+\tan\alpha\tan\beta}$$
$$=\frac{-3-2}{1+(-3)\cdot2}$$
$$=1$$

$0\leqq\theta<\frac{\pi}{2}$ だから，$\theta=\frac{\pi}{4}$

(2) 2直線

$y=-\frac{1}{2}x+3$ と

$y=\frac{1}{3}x+1$

のなす角は，2直線

$y=-\frac{1}{2}x$ と $y=\frac{1}{3}x$

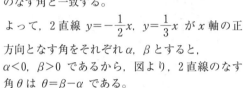

のなす角と一致する。

よって，2直線 $y=-\frac{1}{2}x$, $y=\frac{1}{3}x$ が x 軸の正

方向となす角をそれぞれ α, β とすると，

$\alpha<0$, $\beta>0$ であるから，図より，2直線のなす

角 θ は $\theta=\beta-\alpha$ である。

$$\tan\theta=\tan(\beta-\alpha)=\frac{\tan\beta-\tan\alpha}{1+\tan\beta\tan\alpha}$$
$$=\frac{\frac{1}{3}-\left(-\frac{1}{2}\right)}{1+\frac{1}{3}\cdot\left(-\frac{1}{2}\right)}$$
$$=1$$

$0\leqq\theta<\frac{\pi}{2}$ だから，$\theta=\frac{\pi}{4}$

㉔ 2倍角の公式　　　　　(p.50〜51)

99 $\pi<\alpha<\frac{3}{2}\pi$ だから，$\cos\alpha<0$

したがって，
$$\cos\alpha=-\sqrt{1-\left(-\frac{\sqrt{5}}{3}\right)^2}$$
$$=-\frac{2}{3}$$

(1) $\sin2\alpha=2\sin\alpha\cos\alpha$
$$=2\cdot\left(-\frac{\sqrt{5}}{3}\right)\cdot\left(-\frac{2}{3}\right)$$
$$=\frac{4\sqrt{5}}{9}$$

(2) $\cos2\alpha=1-2\sin^2\alpha=1-2\cdot\left(-\frac{\sqrt{5}}{3}\right)^2$
$$=-\frac{1}{9}$$

(3) $\sin^2\frac{\alpha}{2}=\frac{1-\cos\alpha}{2}=\frac{1-\left(-\frac{2}{3}\right)}{2}$
$$=\frac{5}{6}$$

$\pi<\alpha<\frac{3}{2}\pi$ より，$\frac{\pi}{2}<\frac{\alpha}{2}<\frac{3}{4}\pi$ だから，

$\sin\frac{\alpha}{2}>0$

よって，$\sin\frac{\alpha}{2}=\sqrt{\frac{5}{6}}$
$$=\frac{\sqrt{30}}{6}$$

(4) $\cos^2\frac{\alpha}{2}=\frac{1+\cos\alpha}{2}=\frac{1+\left(-\frac{2}{3}\right)}{2}$
$$=\frac{1}{6}$$

(3) と同様に，$\frac{\pi}{2}<\frac{\alpha}{2}<\frac{3}{4}\pi$ だから，$\cos\frac{\alpha}{2}<0$

よって，$\cos\frac{\alpha}{2}=-\sqrt{\frac{1}{6}}$
$$=-\frac{\sqrt{6}}{6}$$

(5) $\tan\frac{\alpha}{2}=\frac{\sin\frac{\alpha}{2}}{\cos\frac{\alpha}{2}}=\frac{\frac{\sqrt{30}}{6}}{-\frac{\sqrt{6}}{6}}$
$$=-\sqrt{5}$$

100 $\dfrac{\cos\theta-\sin2\theta}{\cos2\theta+\sin\theta-1}$
$$=\frac{\cos\theta-2\sin\theta\cos\theta}{(1-2\sin^2\theta)+\sin\theta-1}$$
$$=\frac{\cos\theta(1-2\sin\theta)}{\sin\theta(1-2\sin\theta)}$$
$$=\frac{\cos\theta}{\sin\theta}$$

よって，$\dfrac{\cos\theta-\sin2\theta}{\cos2\theta+\sin\theta-1}=\dfrac{\cos\theta}{\sin\theta}$

101 (1) $\cos\theta+\sin\theta=\frac{1}{5}$ の両辺を2乗すると，

$\cos^2\theta+2\sin\theta\cos\theta+\sin^2\theta=\frac{1}{25}$

$(\sin^2\theta+\cos^2\theta)+2\sin\theta\cos\theta=\frac{1}{25}$

$1+\sin2\theta=\frac{1}{25}$

$\sin2\theta=-\frac{24}{25}$

$\sin^2\alpha+\cos^2\alpha=1$ より，$\cos^2\alpha=1-\sin^2\alpha$ なので，

$\cos^22\theta=1-\sin^22\theta$
$$=1-\left(-\frac{24}{25}\right)^2=\frac{49}{625}$$

$-\frac{\pi}{4}<\theta<0$ より，$-\frac{\pi}{2}<2\theta<0$

よって，$\cos2\theta>0$ より，

$\cos2\theta=\sqrt{\frac{49}{625}}=\frac{7}{25}$

(2) $\sin\theta-\cos\theta=\frac{1}{3}$ の両辺を2乗すると，

$$\sin^2\theta-2\sin\theta\cos\theta+\cos^2\theta=\frac{1}{9}$$

$$(\sin^2\theta+\cos^2\theta)-2\sin\theta\cos\theta=\frac{1}{9}$$

$$1-2\sin\theta\cos\theta=\frac{1}{9}$$

よって，

$$\sin\theta\cos\theta=\frac{1}{2}\left(1-\frac{1}{9}\right)$$

$$=\frac{4}{9}$$

また，$\sin2\theta=2\sin\theta\cos\theta$ より，

$$\sin2\theta=2\cdot\frac{4}{9}=\frac{8}{9}$$

ここで，$\sin\theta-\cos\theta=\frac{1}{3}>0$ より，

$\dfrac{\pi}{4}<\theta<\dfrac{\pi}{2}$ となり，$\dfrac{\pi}{2}<2\theta<\pi$

よって，$\cos2\theta<0$

$\sin^2\alpha+\cos^2\alpha=1$ より，

$\cos^2\alpha=1-\sin^2\alpha$ なので，

$$\cos^22\theta=1-\sin^22\theta=1-\left(\frac{8}{9}\right)^2=\frac{17}{81}$$

$$\cos2\theta=-\frac{\sqrt{17}}{9}$$

102 (1) $2\cos2\theta+4\cos\theta+3=0$

$2(2\cos^2\theta-1)+4\cos\theta+3=0$

$4\cos^2\theta+4\cos\theta+1=0$

$(2\cos\theta+1)^2=0$

よって，$\cos\theta=-\dfrac{1}{2}$

$0\le\theta<2\pi$ より，$\boldsymbol{\theta=\dfrac{2}{3}\pi,\ \dfrac{4}{3}\pi}$

(2) $\cos2\theta=2\cos^2\theta-1$

$=(\sqrt{2}\cos\theta+1)(\sqrt{2}\cos\theta-1)$ より，

$\sqrt{2}\cos2\theta+(\sqrt{2}-1)(\sqrt{2}\cos\theta+1)$

$=\sqrt{2}(\sqrt{2}\cos\theta+1)(\sqrt{2}\cos\theta-1)$

$\quad+(\sqrt{2}-1)(\sqrt{2}\cos\theta+1)$

$=0$

$(\sqrt{2}\cos\theta+1)\{\sqrt{2}(\sqrt{2}\cos\theta-1)+(\sqrt{2}-1)\}$

$=0$

よって，$(\sqrt{2}\cos\theta+1)(2\cos\theta-1)=0$

したがって，$\cos\theta=-\dfrac{1}{\sqrt{2}},\ \dfrac{1}{2}$

$0<\theta<\pi$ より，$\boldsymbol{\theta=\dfrac{3}{4}\pi,\ \dfrac{1}{3}\pi}$

(3) $\sin2\theta-\sin\theta+4\cos\theta\le2$

$2\sin\theta\cos\theta-\sin\theta+4\cos\theta-2\le0$

$2\sin\theta\cos\theta+4\cos\theta-\sin\theta-2\le0$

$2\cos\theta(\sin\theta+2)-(\sin\theta+2)\le0$

$(2\cos\theta-1)(\sin\theta+2)\le0$

$0\le\theta\le2\pi$ より，$-1\le\sin\theta\le1$ だから，

$\sin\theta+2>0$

よって，

$2\cos\theta-1\le0$　すなわち　$\cos\theta\le\dfrac{1}{2}$

$0\le\theta\le2\pi$ より，$\dfrac{\pi}{3}\le\boldsymbol{\theta}\le\dfrac{5}{3}\pi$

㉕ 三角関数の合成　　(p.52~53)

103 (1) $\sqrt{(\sqrt{3})^2+1^2}=2$ より，

$\sqrt{3}\sin\theta+\cos\theta=2\left(\dfrac{\sqrt{3}}{2}\sin\theta+\dfrac{1}{2}\cos\theta\right)$

$=2\left(\sin\theta\cos\dfrac{\pi}{6}+\cos\theta\sin\dfrac{\pi}{6}\right)$

$=\boldsymbol{2\sin\left(\theta+\dfrac{\pi}{6}\right)}$

(2) $\sqrt{1^2+(-1)^2}=\sqrt{2}$ より，

$\sin\theta-\cos\theta=\sqrt{2}\left(\dfrac{1}{\sqrt{2}}\sin\theta-\dfrac{1}{\sqrt{2}}\cos\theta\right)$

$=\sqrt{2}\left\{\sin\theta\cos\left(-\dfrac{\pi}{4}\right)+\cos\theta\sin\left(-\dfrac{\pi}{4}\right)\right\}$

$=\boldsymbol{\sqrt{2}\sin\left(\theta-\dfrac{\pi}{4}\right)}$

104 (1) $\sqrt{1^2+1^2}=\sqrt{2}$ より，

$(左辺)=\sqrt{2}\sin\left(\theta+\dfrac{\pi}{4}\right)$

$\sqrt{2}\sin\left(\theta+\dfrac{\pi}{4}\right)=\sqrt{2}$

$\sin\left(\theta+\dfrac{\pi}{4}\right)=1$

$0\le\theta<2\pi$ のとき，

$\dfrac{\pi}{4}\le\theta+\dfrac{\pi}{4}<\dfrac{9}{4}\pi$ であるから，

$\theta+\dfrac{\pi}{4}=\dfrac{\pi}{2}$

したがって，$\boldsymbol{\theta=\dfrac{\pi}{4}}$

(2) $\sqrt{1^2+1^2}=\sqrt{2}$ より，

$(左辺)=\sqrt{2}\sin\left(2\theta-\dfrac{\pi}{4}\right)$

よって，$\sin\left(2\theta-\dfrac{\pi}{4}\right)=\dfrac{1}{\sqrt{2}}$

$0\le\theta<2\pi$ のとき，

$-\dfrac{\pi}{4}\le2\theta-\dfrac{\pi}{4}<\dfrac{15}{4}\pi$ であるから，

$2\theta-\dfrac{\pi}{4}=\dfrac{\pi}{4},\ \dfrac{3}{4}\pi,\ \dfrac{9}{4}\pi,\ \dfrac{11}{4}\pi$

したがって，$\boldsymbol{\theta=\dfrac{\pi}{4},\ \dfrac{\pi}{2},\ \dfrac{5}{4}\pi,\ \dfrac{3}{2}\pi}$

(3) $\sqrt{1^2+(\sqrt{3})^2}=2$ より，

$(左辺)=2\sin\left(\theta+\dfrac{\pi}{3}\right)$

よって，$2\sin\left(\theta+\dfrac{\pi}{3}\right)<1$

$\sin\left(\theta+\dfrac{\pi}{3}\right)<\dfrac{1}{2}$

$0 \leqq \theta < 2\pi$ のとき,

$\dfrac{\pi}{3} \leqq \theta + \dfrac{\pi}{3} < \dfrac{7}{3}\pi$ であるから,

$\dfrac{5}{6}\pi < \theta + \dfrac{\pi}{3} < \dfrac{13}{6}\pi$

よって, $\dfrac{\pi}{2} < \theta < \dfrac{11}{6}\pi$

105 (1) $y = \sqrt{3}\sin x - \cos x$

$y = 2\sin\left(x - \dfrac{\pi}{6}\right)$

$0 \leqq x < 2\pi$ のとき $-\dfrac{\pi}{6} \leqq x - \dfrac{\pi}{6} < \dfrac{11}{6}\pi$ であるから

$-1 \leqq \sin\left(x - \dfrac{\pi}{6}\right) \leqq 1$

よって, $-2 \leqq y \leqq 2$

また, $\sin\left(x - \dfrac{\pi}{6}\right) = -1$ のとき, $x = \dfrac{5}{3}\pi$

$\sin\left(x - \dfrac{\pi}{6}\right) = 1$ のとき, $x = \dfrac{2}{3}\pi$

したがって, この関数は $\boldsymbol{x = \dfrac{2}{3}\pi}$ で**最大値 2** を

とり, $\boldsymbol{x = \dfrac{5}{3}\pi}$ で**最小値 -2** をとる。

(2) $\dfrac{1}{1 + \tan^2 x} = \cos^2 x$, $2\sin x\cos x = \sin 2x$ より,

$y = 4\cos^2 x + 2\sin^2 x + \sqrt{3} \cdot 2\sin x\cos x$

$\quad = 2\cos^2 x + 2(\cos^2 x + \sin^2 x) + \sqrt{3} \cdot 2\sin x\cos x$

$\quad = 2\cos^2 x + 2 + \sqrt{3}\sin 2x$

$\quad = (\cos 2x + 1) + 2 + \sqrt{3}\sin 2x$

$\quad = \sqrt{3}\sin 2x + \cos 2x + 3$

$\quad = 2\sin\left(2x + \dfrac{\pi}{6}\right) + 3$

$\dfrac{\pi}{12} \leqq x \leqq \dfrac{5}{12}\pi$ より, $\dfrac{\pi}{3} \leqq 2x + \dfrac{\pi}{6} \leqq \pi$

よって, $2x + \dfrac{\pi}{6} = \dfrac{\pi}{2}$ のとき,

最大値 $y = 2 \cdot 1 + 3 = 5$ をとり, このとき $\boldsymbol{x = \dfrac{\pi}{6}}$

である。

また, $2x + \dfrac{\pi}{6} = \pi$ のとき,

最小値 $y = 2 \cdot 0 + 3 = 3$ をとり, このとき $\boldsymbol{x = \dfrac{5}{12}\pi}$

である。

106 (1) $t = \sin x + \cos x = \sqrt{2}\sin\left(x + \dfrac{\pi}{4}\right)$

$0 \leqq x \leqq \pi$ より, $\dfrac{\pi}{4} \leqq x + \dfrac{\pi}{4} \leqq \dfrac{5}{4}\pi$

$-\dfrac{1}{\sqrt{2}} \leqq \sin\left(x + \dfrac{\pi}{4}\right) \leqq 1$

$-1 \leqq \sqrt{2}\sin\left(x + \dfrac{\pi}{4}\right) \leqq \sqrt{2}$

よって, $-1 \leqq t \leqq \sqrt{2}$

(2) $t = \sin x + \cos x$ を①とし, ①の両辺を2乗する

と,

$t^2 = \sin^2 x + 2\sin x\cos x + \cos^2 x$

$\quad = (\sin^2 x + \cos^2 x) + 2\sin x\cos x$

$\quad = 1 + 2\sin x\cos x$

$\sin x\cos x = \dfrac{t^2 - 1}{2}$ ……②

よって, ①, ②から, $f(x)$ を変形すると,

$f(x) = a(\sin x + \cos x) - \sin x\cos x$

$\quad = at - \dfrac{t^2 - 1}{2} = -\dfrac{1}{2}t^2 + at + \dfrac{1}{2}$

ここで,

$g(t) = -\dfrac{1}{2}t^2 + at + \dfrac{1}{2}$ とおき, t についての2次

関数とみると,

$g(t) = -\dfrac{1}{2}(t - a)^2 + \dfrac{1}{2}a^2 + \dfrac{1}{2}$ $(-1 \leqq t \leqq \sqrt{2})$

(i) $a < -1$ のとき,

$g(t)$ は $t = -1$ で最大値 $g(-1)$ をとる。

$g(-1) = -a$

これが5と等しいとき,

$-a = 5$

よって, $a = -5$

これは, $a < -1$ を満たす。

(ii) $-1 \leqq a \leqq \sqrt{2}$ のとき,

$g(t)$ は $t = a$ で最大値 $g(a)$ をとる。

$g(a) = \dfrac{1}{2}a^2 + \dfrac{1}{2}$

これが5と等しいとき,

$\dfrac{1}{2}a^2 + \dfrac{1}{2} = 5$

$a^2 = 9$

よって, $a = \pm 3$

これは, $-1 \leqq a \leqq \sqrt{2}$ を満たさない。

(iii) $\sqrt{2} < a$ のとき,

$g(t)$ は $t = \sqrt{2}$ で最大値 $g(\sqrt{2})$ をとる。

$g(\sqrt{2}) = \sqrt{2}a - \dfrac{1}{2}$

これが5と等しいとき,

$\sqrt{2}a - \dfrac{1}{2} = 5$

よって, $a = \dfrac{11\sqrt{2}}{4}$

これは, $\sqrt{2} < a$ を満たす。

(i), (ii), (iii)から, 最大値が5になるような a の値は,

$\boldsymbol{a = -5,\ \dfrac{11\sqrt{2}}{4}}$

㉖ 指数の拡張 （p.54〜55）

107 (1)**1** (2)$\dfrac{1}{9}$ (3)**4** (4)**−2** (5)**3** (6)**25** (7)**27**

(8)$\dfrac{1}{3}$

☑ **注意**

$a>0$ に対して，$\sqrt{a}$ とは $\sqrt[2]{a}$ の意味である。また，正の整数 n に対して，$(\sqrt[n]{a})^n=a$ であって，$(\sqrt[n]{a})^n=\sqrt{a}$ ではない。

よって，(5)は $\sqrt[4]{\sqrt{3^8}}=\sqrt[4\times2]{3^8}=(\sqrt[8]{3})^8=3$ となる。

108 (1)$a^{\frac{1}{2}}a^{\frac{1}{6}}=a^{\frac{1}{2}+\frac{1}{6}}$

$\qquad=\boldsymbol{a^{\frac{2}{3}}}$

(2)$a^{\frac{3}{4}}\div a^{\frac{1}{3}}=a^{\frac{3}{4}-\frac{1}{3}}$

$\qquad=\boldsymbol{a^{\frac{5}{12}}}$

(3)$a^4(a^{-2})^3=a^4 a^{-2\times3}$

$\qquad=a^{4-6}$

$\qquad=\boldsymbol{a^{-2}}$

(4)$\sqrt[4]{a^3}\div a^{\frac{2}{3}}=a^{\frac{3}{4}}\div a^{\frac{2}{3}}$

$\qquad=a^{\frac{3}{4}-\frac{2}{3}}$

$\qquad=\boldsymbol{a^{\frac{1}{12}}}$

109 (1)$\sqrt{a}\times\sqrt[3]{a^2}\div\sqrt[6]{a^5}=a^{\frac{1}{2}}\times a^{\frac{2}{3}}\div a^{\frac{5}{6}}$

$\qquad=a^{\frac{1}{2}+\frac{2}{3}-\frac{5}{6}}$

$\qquad=a^{\frac{1}{3}}$

$\qquad=\boldsymbol{\sqrt[3]{a}}$

(2)$\sqrt[3]{\sqrt{a}}\times\sqrt[4]{a^3}=\sqrt[6]{a}\times\sqrt[4]{a^3}$

$\qquad=a^{\frac{1}{6}}\times a^{\frac{3}{4}}$

$\qquad=a^{\frac{1}{6}+\frac{3}{4}}$

$\qquad=a^{\frac{11}{12}}$

$\qquad=\boldsymbol{\sqrt[12]{a^{11}}}$

(3)$(a^{-\frac{1}{2}}b^{\frac{1}{3}})\times(ab^{-1})^2\div(a^{\frac{1}{2}}b^{-1})$

$=a^{-\frac{1}{2}}b^{\frac{1}{3}}a^2b^{-2}\div(a^{\frac{1}{2}}b^{-1})$

$=a^{-\frac{1}{2}+2-\frac{1}{2}}b^{\frac{1}{3}-2-(-1)}$

$=ab^{-\frac{2}{3}}$

$=\boldsymbol{\dfrac{a}{\sqrt[3]{b^2}}}$

(4)$(a^{\frac{3}{2}}+b^{\frac{1}{2}})(a^{\frac{3}{2}}-b^{\frac{1}{2}})=(a^{\frac{3}{2}})^2-(b^{\frac{1}{2}})^2$

$\qquad=\boldsymbol{a^3-b}$

☑ **注意**

(1)や(2)のような**累乗根の計算**では，累乗根のまま計算するよりも，指数の形に直して**指数法則**によって計算するほうが扱いやすい。

㉗ 指数関数 （p.56〜57）

110 (1) 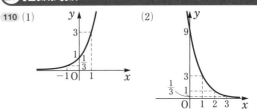 (2)

111 底 3 は 1 より大きいから，3^x は単調に増加，つまり指数 x が大きくなると，3^x も大きくなる。

$1=3^0$ で，指数が $-3<0<\dfrac{1}{3}<\dfrac{3}{2}$ の順に並ぶ。

よって，$\boldsymbol{3^{-3}<1<3^{\frac{1}{3}}<3^{\frac{3}{2}}}$

112 $\dfrac{1}{4}=2^{-2}$，$\dfrac{1}{\sqrt{2}}=2^{-\frac{1}{2}}$，$\sqrt[3]{4}=2^{\frac{2}{3}}$，$\sqrt[4]{2}=2^{\frac{1}{4}}$ であり，

底 2 は 1 より大きいから，2^x は単調に増加する。

よって，$\boldsymbol{\dfrac{1}{4}<\dfrac{1}{\sqrt{2}}<\sqrt[4]{2}<\sqrt[3]{4}}$

別解 底を $\dfrac{1}{2}$ にすると，底は 1 より小さいから，

$\left(\dfrac{1}{2}\right)^x$ は単調に減少する。

$\dfrac{1}{4}=\left(\dfrac{1}{2}\right)^2$，$\dfrac{1}{\sqrt{2}}=\left(\dfrac{1}{2}\right)^{\frac{1}{2}}$，$\sqrt[3]{4}=\left(\dfrac{1}{2}\right)^{-\frac{2}{3}}$，

$\sqrt[4]{2}=\left(\dfrac{1}{2}\right)^{-\frac{1}{4}}$

ここで，$-\dfrac{2}{3}<-\dfrac{1}{4}<\dfrac{1}{2}<2$ であるから，

$\left(\dfrac{1}{2}\right)^2<\left(\dfrac{1}{2}\right)^{\frac{1}{2}}<\left(\dfrac{1}{2}\right)^{-\frac{1}{4}}<\left(\dfrac{1}{2}\right)^{-\frac{2}{3}}$

すなわち，$\boldsymbol{\dfrac{1}{4}<\dfrac{1}{\sqrt{2}}<\sqrt[4]{2}<\sqrt[3]{4}}$

113 (1)$2^x=2^6$ より，$\boldsymbol{x=6}$

(2)$25^{\frac{x}{2}}=\dfrac{1}{125}$ より，

$25^{\frac{x}{2}}=5^{2\cdot\frac{x}{2}}=5^x$

$\dfrac{1}{125}=\dfrac{1}{5^3}=5^{-3}$

だから，$5^x=5^{-3}$

よって，$\boldsymbol{x=-3}$

(3)$2^{2x}-5\cdot2^x+4=0$ において，$2^x=t$ とおくと，

$2^{2x}=(2^x)^2=t^2$ だから，

$t^2-5t+4=0$ ただし，$t=2^x>0$

$(t-1)(t-4)=0$ $t=1$, 4

これは $t>0$ を満たす。

$t=1$ つまり $2^x=1=2^0$

よって，$x=0$

$t=4$ つまり $2^x=4=2^2$

よって，$x=2$

したがって，$\boldsymbol{x=0, 2}$

114 (1)$2^x>32$ は $2^x>2^5$

底 2 は 1 より大きいから，$x>5$

(2) $\left(\dfrac{1}{3}\right)^x \geqq \dfrac{1}{27}$ は $\left(\dfrac{1}{3}\right)^x \geqq \left(\dfrac{1}{3}\right)^3$

底 $\dfrac{1}{3}$ は 1 より小さいから，$x\leqq3$

別解 $\dfrac{1}{3}=3^{-1}$ だから，

与式は $(3^{-1})^x \geqq (3^{-1})^3$

$3^{-x} \geqq 3^{-3}$

底 3 は 1 より大きいから，$-x\geqq-3$

よって，$x\leqq3$

(3) $\left(\dfrac{1}{4}\right)^x -3\left(\dfrac{1}{2}\right)^x -4\leqq0$ で $\left(\dfrac{1}{4}\right)^x = \left(\dfrac{1}{2}\right)^{2x}$ だから，

$\left(\dfrac{1}{2}\right)^x = t$ とおくと，

$t^2-3t-4\leqq0$ ただし，$t>0$

$(t-4)(t+1)\leqq0$

つまり，$-1\leqq t\leqq4$ かつ $t>0$ だから，

$0<t\leqq4$

$0<\left(\dfrac{1}{2}\right)^x \leqq4$

$\left(\dfrac{1}{2}\right)^x \leqq4$ より，$\left(\dfrac{1}{2}\right)^x \leqq \left(\dfrac{1}{2}\right)^{-2}$

底 $\dfrac{1}{2}$ は 1 より小さいから，$x\geqq-2$

また，$0<\left(\dfrac{1}{2}\right)^x$ は常に成り立つから，$x\geqq-2$

㉘ 対数とその性質 （p.58〜59）

115 (1) $\log_5 5 = 1$

(2) $\log_3 1 = 0$

(3) $\log_2 32 = \log_2 2^5$
$= 5\log_2 2$
$= 5$

(4) $\log_4 2 = \log_4 \sqrt{4}$
$= \log_4 4^{\frac{1}{2}}$
$= \dfrac{1}{2}\log_4 4$
$= \dfrac{1}{2}$

(5) $\log_{\sqrt{3}} 9 = \log_{\sqrt{3}} (\sqrt{3})^4$
$= 4\log_{\sqrt{3}} \sqrt{3}$
$= 4$

(6) 底の変換公式より，

$\log_4 32 = \dfrac{\log_2 32}{\log_2 4}$
$= \dfrac{\log_2 2^5}{\log_2 2^2}$
$= \dfrac{5}{2}$

別解 $\log_4 32 = x$ とおくと，$4^x = 32$

つまり，$2^{2x} = 2^5$ となるから，$2x=5$

$x=\dfrac{5}{2}$ より，$\log_4 32 = \dfrac{5}{2}$

116 (1) $\log_6 9 + \log_6 4 = \log_6 36$
$= \log_6 6^2$
$= 2$

(2) $\log_2 240 - \log_2 15 = \log_2 \dfrac{240}{15}$
$= \log_2 16$
$= \log_2 2^4$
$= 4$

(3) $\log_3 4 - 2\log_3 5 + \log_3 125$
$= \log_3 4 - \log_3 5^2 + \log_3 5^3$
$= \log_3 \dfrac{4\cdot5^3}{5^2}$
$= \log_3 20$

(4) $3\log_4 \sqrt{2} + \dfrac{1}{2}\log_4 3 - \log_4 \sqrt{6}$
$= \log_4 (\sqrt{2})^3 + \log_4 3^{\frac{1}{2}} - \log_4 \sqrt{6}$
$= \log_4 \dfrac{2\sqrt{2}\cdot\sqrt{3}}{\sqrt{6}}$
$= \log_4 2$
$= \log_4 4^{\frac{1}{2}}$
$= \dfrac{1}{2}$

別解 $\log_4 2$ のあと，

$\log_4 2 = \dfrac{\log_2 2}{\log_2 4}$
$= \dfrac{\log_2 2}{\log_2 2^2}$
$= \dfrac{1}{2}$

とする。

117 (1) 底を 8 の因数である 2 にそろえると，

$\log_8 9 \cdot \log_9 5 \cdot \log_5 4 = \dfrac{\log_2 9}{\log_2 8} \cdot \dfrac{\log_2 5}{\log_2 9} \cdot \dfrac{\log_2 4}{\log_2 5}$
$= \dfrac{\log_2 4}{\log_2 8}$
$= \dfrac{\log_2 2^2}{\log_2 2^3}$
$= \dfrac{2}{3}$

別解 底を 9 にそろえると，

$\log_8 9 \cdot \log_9 5 \cdot \log_5 4 = \dfrac{\log_9 9}{\log_9 8} \cdot \log_9 5 \cdot \dfrac{\log_9 4}{\log_9 5}$
$= \dfrac{\log_9 4}{\log_9 8} = \log_8 4$
$= \dfrac{\log_2 4}{\log_2 8}$
$= \dfrac{2}{3}$

(2) 底を 2 にそろえると，

$\log_{\sqrt{2}} 27 - \log_2 9 + \log_{\frac{1}{2}} 81$

$$= \frac{\log_2 27}{\log_2 \sqrt{2}} - \log_2 9 + \frac{\log_2 81}{\log_2 \frac{1}{2}}$$

$$= \frac{\log_2 27}{\frac{1}{2}} - \log_2 9 + \frac{\log_2 81}{-1}$$

$$= 2\log_2 3^3 - \log_2 3^2 - \log_2 3^4$$

$$= 6\log_2 3 - 2\log_2 3 - 4\log_2 3$$

$$= \boldsymbol{0}$$

(3) $(\log_3 25 + \log_9 5)(\log_5 9 + \log_{25} 3)$

$$= \left(\log_3 5^2 + \frac{\log_3 5}{\log_3 3^2}\right)\left(\log_5 3^2 + \frac{\log_5 3}{\log_5 5^2}\right)$$

$$= \left(2\log_3 5 + \frac{1}{2}\log_3 5\right)\left(2\log_5 3 + \frac{1}{2}\log_5 3\right)$$

$$= \frac{5}{2}\log_3 5 \cdot \frac{5}{2}\log_5 3$$

$$= \frac{25}{4}\log_3 5 \cdot \frac{\log_3 3}{\log_3 5}$$

$$= \boldsymbol{\frac{25}{4}}$$

118 $3^{4\log_3 2} = 3^{\log_3 2^4} = 3^{\log_3 16} = \boldsymbol{16}$

☑ **注意**

$a^{\log_a R} = R$ は次のようにして示される。

$a^{\log_a R} = x$ とおき，底 a の対数をとると，

$\log_a x = \log_a R$

これより，

$x = R$ すなわち，$a^{\log_a R} = R$

㉙ 対数関数　　　(p.60〜61)

119 (1) (2)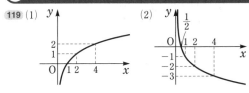

120 底 3 は 1 より大きいから，$\log_3 x$ は単調に増加する。

$1 = \log_3 3$ だから，真数が $\frac{1}{5} < 3 < 5$ の順により，

$$\log_3 \frac{1}{5} < 1 < \log_3 5$$

121 底を 3 にそろえる。

$$\log_9 4 = \frac{\log_3 4}{\log_3 9}$$

$$= \frac{\log_3 2^2}{\log_3 3^2}$$

$$= \log_3 2$$

$$\frac{1}{2} = \frac{1}{2}\log_3 3$$

$$= \log_3 \sqrt{3}$$

$$\log_{\frac{1}{3}} 8 = \frac{\log_3 8}{\log_3 \frac{1}{3}}$$

$$= \frac{\log_3 8}{\log_3 3^{-1}}$$

$$= -\log_3 8$$

$$= \log_3 \frac{1}{8}$$

底 3 は 1 より大きいから，$\log_3 x$ は単調に増加する。

つまり，真数の小さいものから順に並べて，

$\frac{1}{8} < \sqrt{3} < 2$ より，

$$\log_3 \frac{1}{8} < \log_3 \sqrt{3} < \log_3 2$$

よって，$\boldsymbol{\log_{\frac{1}{3}} 8 < \frac{1}{2} < \log_9 4}$

122 (1) $\log_4 2x = 3$ において，

真数条件は $2x > 0$ つまり $x > 0$ である。……①

対数の定義より，

$2x = 4^3$

よって，$\boldsymbol{x = 32}$

これは，①を満たす。

(2) $\log_{10}(x+2) + \log_{10}(x+5) = 1$ において，

真数条件は $x+2 > 0$ かつ $x+5 > 0$

よって，$x > -2$ かつ $x > -5$

すなわち，$x > -2$ である。……①

与えられた方程式は，

$\log_{10}(x+2)(x+5) = \log_{10} 10$

よって，$(x+2)(x+5) = 10$

$x^2 + 7x = 0$

$x(x+7) = 0$

よって，$x = 0, -7$

①を満たすものは，$x = 0$ である。

よって，$\boldsymbol{x = 0}$

(3) $(\log_3 x)^2 - \log_3 x^2 - 3 = 0$ において，

真数条件は $x > 0$ である。……①

$\log_3 x = t$ とおくと，与えられた方程式は，

$(\log_3 x)^2 - 2\log_3 x - 3 = 0$

つまり，$t^2 - 2t - 3 = 0$ となる。

$(t-3)(t+1) = 0$

よって，$t = 3, -1$

$t = 3$ のとき，

$\log_3 x = 3 = \log_3 3^3$ より，

$x = 27$

$t = -1$ のとき，

$\log_3 x = -1 = \log_3 3^{-1}$ より，

$x = \frac{1}{3}$

これらは，ともに①を満たす。

よって，$\boldsymbol{x = 27, \frac{1}{3}}$

☑ **注意**

真数が正であること（真数条件）は，方程式や不等式を変形する前に確認する。

123 (1)真数条件より, $x>0$ ……①

$$\log_{\frac{1}{2}} x>2$$

$$\log_{\frac{1}{2}} x>\log_{\frac{1}{2}}\left(\frac{1}{2}\right)^2$$

底 $\frac{1}{2}$ は 1 より小さいので,

$$x<\left(\frac{1}{2}\right)^2$$

$$x<\frac{1}{4} \quad ……②$$

①, ②より, $0<x<\dfrac{1}{4}$

(2)$\log_2(x+1)>\log_2(2-x)$ において, 真数条件は

$x+1>0$ かつ $2-x>0$

すなわち, $-1<x<2$ ……①

与えられた不等式で底 2 は 1 より大きいから,

$x+1>2-x$

つまり, $x>\dfrac{1}{2}$ ……②

①, ②より, $\dfrac{1}{2}<x<2$

(3)$\log_2(x-1)+\log_2(x+1)<3$ において, 真数条件は,

$x-1>0$ かつ $x+1>0$

すなわち, $x>1$ ……①

$\log_2(x-1)(x+1)<\log_2 2^3$

不等式で底 2 は 1 より大きいから,

$(x-1)(x+1)<2^3$

$(x+3)(x-3)<0$

よって, $-3<x<3$ ……②

①, ②より, $1<x<3$

㉚ 常用対数　　　　　($p.62\sim63$)

124 (1)$\log_{10} 26.3=\log_{10}(2.63\times10)$

$\qquad\qquad=\log_{10} 2.63+\log_{10} 10$

$\qquad\qquad=0.42+1$

$\qquad\qquad=\mathbf{1.42}$

(2)$\log_{10} 2630=\log_{10}(2.63\times10^3)$

$\qquad\qquad=\log_{10} 2.63+\log_{10} 10^3$

$\qquad\qquad=\log_{10} 2.63+3$

$\qquad\qquad=0.42+3$

$\qquad\qquad=\mathbf{3.42}$

(3)$\log_{10} 0.263=\log_{10}(2.63\times10^{-1})$

$\qquad\qquad=\log_{10} 2.63+\log_{10} 10^{-1}$

$\qquad\qquad=\log_{10} 2.63-1$

$\qquad\qquad=0.42-1$

$\qquad\qquad=\mathbf{-0.58}$

125 (1)$\log_{10} 6=\log_{10}(2\times3)$

$\qquad\qquad=\log_{10} 2+\log_{10} 3$

$\qquad\qquad=0.3010+0.4771$

$\qquad\qquad=\mathbf{0.7781}$

(2)$\log_{10} 24=\log_{10} 2^3\cdot3$

$\qquad\qquad=3\log_{10} 2+\log_{10} 3$

$\qquad\qquad=3\times0.3010+0.4771$

$\qquad\qquad=\mathbf{1.3801}$

(3)$\log_{10} 2.5=\log_{10}\dfrac{10}{4}$

$\qquad\qquad=\log_{10} 10-2\log_{10} 2$

$\qquad\qquad=1-2\times0.3010$

$\qquad\qquad=\mathbf{0.3980}$

(4)$\log_6\sqrt{2}=\dfrac{\log_{10}\sqrt{2}}{\log_{10} 6}$

$\qquad\qquad=\dfrac{\dfrac{1}{2}\log_{10} 2}{\log_{10} 2+\log_{10} 3}$

$\qquad\qquad=\dfrac{0.3010}{2(0.3010+0.4771)}$

$\qquad\qquad=\dfrac{0.3010}{1.5562}$

$\qquad\qquad\fallingdotseq\mathbf{0.1934}$

126 (1)$\log_{10} 2^{50}=50\log_{10} 2$

$\qquad\qquad=50\times0.3010$

$\qquad\qquad=15.050$

つまり, $15<\log_{10} 2^{50}<16$

ゆえに, $10^{15}<2^{50}<10^{16}$

10^{15} は 16 桁の整数である。

よって, 2^{50} は 16 桁の整数。

(2)$\log_{10} 6^{30}=30\log_{10} 6$

$\qquad\qquad=30(\log_{10} 2+\log_{10} 3)$

$\qquad\qquad=30\times(0.3010+0.4771)$

$\qquad\qquad=23.343$

つまり, $23<\log_{10} 6^{30}<24$

ゆえに, $10^{23}<6^{30}<10^{24}$

よって, 6^{30} は 24 桁の整数。

(3)$\log_{10}\left(\dfrac{1}{2}\right)^{100}=\log_{10} 2^{-100}$

$\qquad\qquad=-100\log_{10} 2$

$\qquad\qquad=-100\times0.3010$

$\qquad\qquad=-30.10$

つまり, $-31<\log_{10}\left(\dfrac{1}{2}\right)^{100}<-30$

ゆえに, $10^{-31}<\left(\dfrac{1}{2}\right)^{100}<10^{-30}$

10^{-31} は, 小数第 31 位に初めて数字 1 が現れる。

よって, $\left(\dfrac{1}{2}\right)^{100}$ は小数第 31 位に初めて 0 でない数字が現れる。

☑注意

10^n は $\underbrace{100\cdots\cdots00}_{0\text{が}n\text{個}}$ なので, $(n+1)$ 桁の整数である。

また, $10^{-n}=\left(\dfrac{1}{10}\right)^n$ は $\underbrace{0.00\cdots\cdots01}_{0\text{が}n\text{個}}$ なので, 小数第 n 位に初めて 0 でない数字が現れる。

127 $(0.9)^n < 0.001$ に対して，両辺の常用対数をとると，

$\log_{10}(0.9)^n < \log_{10}0.001$

$n\log_{10}0.9 < \log_{10}10^{-3}$

$n\log_{10}\dfrac{3^2}{10} < \log_{10}10^{-3}$

$n(2\log_{10}3-1) < -3$

$n(2\times0.4771-1) < -3$

$-0.0458\times n < -3$

$n > \dfrac{3}{0.0458} = 65.5\cdots$

これを満たす最小の自然数は **66**

128 $0.08\,\text{mm} = 8\times10^{-5}\,\text{m}$ だから，n 回折り重ねれば紙の厚さは，$8\times10^{-5}\times2^n(\text{m})$ となる。つまり，次の不等式を解けばよい。

$8\times10^{-5}\times2^n \geqq 100$

常用対数をとると，

$\log_{10}(8\times10^{-5}\times2^n) \geqq \log_{10}100$

$\log_{10}(2^{n+3}\times10^{-5}) \geqq \log_{10}10^2$

$\log_{10}2^{n+3}+\log_{10}10^{-5} \geqq 2\log_{10}10$

$(n+3)\log_{10}2-5 \geqq 2$

$0.3010\times(n+3) \geqq 7$

$n \geqq \dfrac{7}{0.3010}-3 = 20.2\cdots$

これを満たす最小の自然数は 21

よって，**最低 21 回折り重ねる。**

第6章 ｜ 微分・積分

③① 微分係数 (p.64〜65)

129 (1) $f(x)=2x$ とおくと

$\dfrac{f(b)-f(a)}{b-a} = \dfrac{2b-2a}{b-a} = \dfrac{2(b-a)}{b-a} = \boldsymbol{2}$

(2) $f(x)=3x^2-1$ とおくと

$\dfrac{f(b)-f(a)}{b-a} = \dfrac{(3b^2-1)-(3a^2-1)}{b-a}$

$\qquad = \dfrac{3(b^2-a^2)}{b-a} = \dfrac{3(b+a)(b-a)}{b-a}$

$\qquad = \boldsymbol{3(b+a)}$

130 (1) $\dfrac{f(3)-f(2)}{3-2} = 0-2 = \boldsymbol{-2}$

(2) $\dfrac{f(3)-f(-1)}{3-(-1)} = \dfrac{3-3}{4} = \boldsymbol{0}$

(3) $\dfrac{f(a+1)-f(a)}{(a+1)-a} = \{(a+1)^2+2\}-(a^2+2)$

$\qquad = \boldsymbol{2a+1}$

131 (1) $f'(-1) = \lim_{h\to0}\dfrac{f(-1+h)-f(-1)}{h}$

$\qquad = \lim_{h\to0}\dfrac{\{-(-1+h)^2+2(-1+h)-5\}-(-8)}{h}$

$\qquad = \lim_{h\to0}\dfrac{4h-h^2}{h} = \lim_{h\to0}(4-h) = \boldsymbol{4}$

(2) $f'(1) = \lim_{h\to0}\dfrac{f(1+h)-f(1)}{h}$

$\qquad = \lim_{h\to0}\dfrac{\{(1+h)^3-2(1+h)^2\}-(-1)}{h}$

$\qquad = \lim_{h\to0}\dfrac{-h+h^2+h^3}{h}$

$\qquad = \lim_{h\to0}(-1+h+h^2) = \boldsymbol{-1}$

132 (1) $\lim_{x\to1}\dfrac{2x+1}{2x-5} = \dfrac{3}{-3} = \boldsymbol{-1}$

(2) $\lim_{x\to2}\dfrac{x^2-3x+2}{x^2-2x} = \lim_{x\to2}\dfrac{(x-1)(x-2)}{x(x-2)}$

$\qquad = \lim_{x\to2}\dfrac{x-1}{x} = \boldsymbol{\dfrac{1}{2}}$

(3) $\lim_{x\to3}\dfrac{1}{x-3}\left(1-\dfrac{3}{x}\right) = \lim_{x\to3}\dfrac{1}{x-3}\cdot\dfrac{x-3}{x}$

$\qquad = \lim_{x\to3}\dfrac{1}{x} = \boldsymbol{\dfrac{1}{3}}$

③② 導関数 (p.66〜67)

133 $f'(x) = \lim_{h\to0}\dfrac{f(x+h)-f(x)}{h}$

$= \lim_{h\to0}\dfrac{\{2(x+h)^2+3(x+h)+4\}-(2x^2+3x+4)}{h}$

$= \lim_{h\to0}\dfrac{h(4x+2h+3)}{h}$

$= \lim_{h\to0}(4x+2h+3)$

$= \boldsymbol{4x+3}$

134 (1) $y' = \boldsymbol{4}$

(2) $y' = \boldsymbol{-10x+6}$

(3) $y' = \boldsymbol{3x^2-2}$

(4) $y = (2x+3)(x-4) = 2x^2-5x-12$

よって，$y' = \boldsymbol{4x-5}$

(5) $y = (2x+1)^3 = 8x^3+12x^2+6x+1$

よって，$y' = \boldsymbol{24x^2+24x+6}$

135 $f(x) = x^3+3x^2-4x+2$ だから，

$f'(x) = 3x^2+6x-4$

$x=1$ を代入して，

$f'(1) = 3+6-4 = \boldsymbol{5}$

136 $f(x) = ax^2+bx+c$ とおくと，

$f'(x) = 2ax+b$

$f(2) = -2$ より，$4a+2b+c = -2$ ……①

$f'(0) = -5$ より，$b = -5$ ……②

$f'(1) = -1$ より，$2a+b = -1$ ……③

①，②，③を連立して，

$a=2,\ b=-5,\ c=0$

よって，$f(x) = \boldsymbol{2x^2-5x}$

137 $x=1$ から $x=2$ まで変化するときの平均変化率は，

$\dfrac{f(2)-f(1)}{2-1}$

$=\dfrac{(2^3-2\cdot2^2-2+1)-(1^3-2\cdot1^2-1+1)}{1}=0$ ……①

また，$f'(a)=3a^2-4a-1$

①が $f'(a)$ に等しいとき，

$3a^2-4a-1=0$

これを解いて，$a=\dfrac{2\pm\sqrt{7}}{3}$

$1<a<2$ より，$\boldsymbol{a=\dfrac{2+\sqrt{7}}{3}}$

138 $f'(x)=3x^2+2ax+b$

$3f(x)-xf'(x)$

$=3(x^3+ax^2+bx+1)-x(3x^2+2ax+b)$

$=ax^2+2bx+3$

これが $2x+3$ に等しいので，

$ax^2+2bx+3=2x+3$

これを x についての恒等式と考え，両辺を比較すると，$\boldsymbol{a=0}$，$\boldsymbol{b=1}$

㉝ 接　線 （*p.68*）

139 $y=2x^2$ だから，$y'=4x$

$x=3$ のとき，$y'=4\cdot3=12$ が傾きとなる。

ゆえに，接線の方程式は，

$y-18=12(x-3)$

すなわち，$\boldsymbol{y=12x-18}$

140 接点の座標が与えられていないので，接点の x 座標を a とおくと，接線の傾きは，

$y'=-3x^2+4x$ より，$-3a^2+4a$

これが1に等しいので，

$-3a^2+4a=1$

これを解くと，

$(3a-1)(a-1)=0$

$a=\dfrac{1}{3}$，1

$a=\dfrac{1}{3}$ のとき，接点の y 座標は，

$y=-\dfrac{1}{27}+\dfrac{2}{9}-1=-\dfrac{22}{27}$ である。接点 $\left(\dfrac{1}{3},\ -\dfrac{22}{27}\right)$ における接線の方程式は，

$y+\dfrac{22}{27}=x-\dfrac{1}{3}$

よって，$y=x-\dfrac{31}{27}$

$a=1$ のとき，接点の y 座標は $y=-1+2-1=0$ である。接点 $(1,\ 0)$ における接線の方程式は，

$y=x-1$

したがって，接線の方程式は，

$\boldsymbol{y=x-\dfrac{31}{27}}$，$\boldsymbol{y=x-1}$

141 点 $(2,\ 0)$ は曲線 $y=x^2-2x+4$ 上の点ではないので，接点の座標を $(a,\ a^2-2a+4)$ とおくと，

$y'=2x-2$ であるから，この点における接線の方程式は，

$y-(a^2-2a+4)=(2a-2)(x-a)$

$y=(2a-2)x-a^2+4$ ……①

これが点 $(2,\ 0)$ を通るから，

$0=2(2a-2)-a^2+4$

$a^2-4a=0$

$a(a-4)=0$

$a=0$，4

$a=0$ を①に代入して，

$y=-2x+4$

$a=4$ を①に代入して，

$y=6x-12$

よって，$\boldsymbol{y=-2x+4}$，$\boldsymbol{y=6x-12}$

㉞ 関数の値の変化 （*p.69～71*）

142 (1) $y'=3x^2-3=3(x+1)(x-1)$

$y'=0$ とすると，$x=-1$，1

x	……	-1	……	1	……
y'	＋	0	－	0	＋
y	↗	極大 3	↘	極小 -1	↗

よって，$\boldsymbol{x=-1}$ **で極大値 3**

$\boldsymbol{x=1}$ **で極小値** $\boldsymbol{-1}$

グラフは，右の図のようになる。

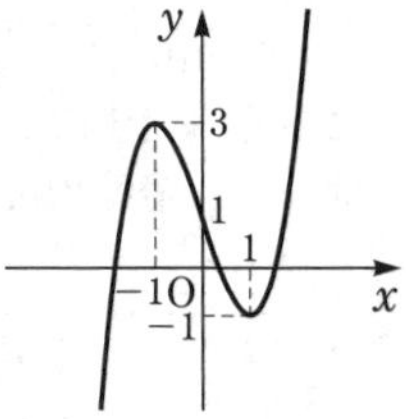

(2) $y'=-6x^2-6x+12=-6(x+2)(x-1)$

$y'=0$ とすると，$x=-2$，1

x	……	-2	……	1	……
y'	－	0	＋	0	－
y	↘	極小 -20	↗	極大 7	↘

よって，$\boldsymbol{x=-2}$ **で極小値** $\boldsymbol{-20}$

$\boldsymbol{x=1}$ **で極大値 7**

グラフは，右の図のようになる。

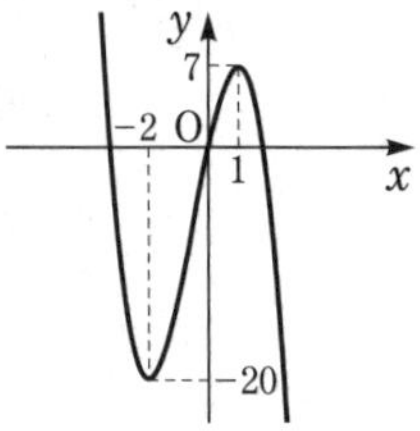

(3) $y'=3x^2-6x+3=3(x-1)^2$

$y'=0$ とすると，$x=1$

x	……	1	……
y'	＋	0	＋
y	↗	-5	↗

よって，**極値はない。**

グラフは，右の図のようになる。

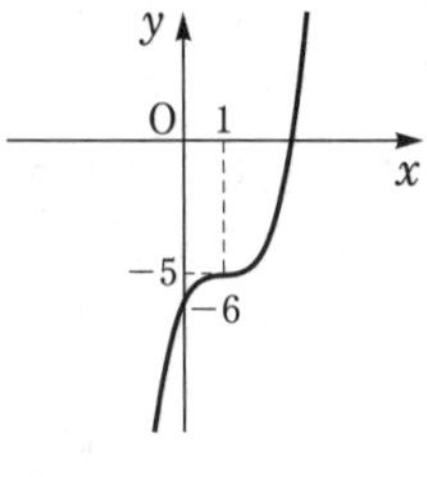

注意

$y=f(x)$ のグラフの増減は，$f'(x)$ の符号によって判断する。$f'(x)=(x-\alpha)(x-\beta)$ の符号は，グラフを簡単にかいてみて調べるとよい。

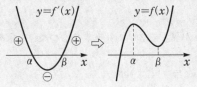

143 $f(x)=ax^3+bx^2+cx+d \ (a\neq0)$ とおくと，

$f'(x)=3ax^2+2bx+c$ となる。

$x=0$，1 で極値をもつから，

$f'(0)=f'(1)=0$ より，

$f'(0)=c=0$ ……①

$f'(1)=3a+2b+c=0$ ……②

また，$f(0)=0$，$f(1)=-4$ より，

$f(0)=d=0$ ……③

$f(1)=a+b+c+d=-4$ ……④

①，②，③，④より，

$a=8$，$b=-12$，$c=0$，$d=0$

ゆえに，$f(x)=8x^3-12x^2$ となる。 ……⑤

ここで，$f'(x)=24x(x-1)$ だから，

増減表をかくと，

x	……	0	……	1	……
$f'(x)$	$+$	0	$-$	0	$+$
$f(x)$	↗	極大	↘	極小	↗

$x=0$ で極大，$x=1$ で極小となるので，⑤の $f(x)$ は題意に適する。

よって，$f(x)=8x^3-12x^2$

注意

$f'(0)=f'(1)=0$

が満たされるだけでは，その前後で $f'(x)$ の符号が変わっているとは限らないので，$x=0$ で極大，$x=1$ で極小であるとはいえない。したがって，増減表をかいて（あるいは別の方法で）

$x=0$ で極大，$x=1$ で極小

となることを示す必要がある。

144 (1)$f'(x)=3x^2-6x-9$

$=3(x+1)(x-3)$

$-2\leqq x\leqq4$ で増減表をかくと，

x	-2	……	-1	……	3	……	4
$f'(x)$		$+$	0	$-$	0	$+$	
$f(x)$	0	↗	極大7	↘	極小-25	↗	-18

よって，$x=-1$ で最大値 7

$x=3$ で最小値 -25

(2)$f'(x)=-3x^2+12x-9$

$=-3(x-1)(x-3)$

$0\leqq x\leqq5$ で増減表をかくと，

x	0	……	1	……	3	……	5
$f'(x)$		$-$	0	$+$	0	$-$	
$f(x)$	1	↘	極小-3	↗	極大1	↘	-19

よって，**$x=0$，3 で最大値 1**

$x=5$ で最小値 -19

145 切り取る正方形の1辺を x cm とし，箱の容積を V cm³ とする。このとき，$0<x<5$ である。

作られる直方体は，

縦が $(10-2x)$ cm，

横が $(16-2x)$ cm，

高さが x cm である。

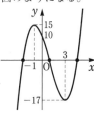

$V=x(10-2x)(16-2x)$

$=4x^3-52x^2+160x$

$V'=12x^2-104x+160$

$=4(3x^2-26x+40)$

$=4(3x-20)(x-2)$

$V'=0$ とすると，$x=\dfrac{20}{3}$，2 となるが，$0<x<5$ を満たすものは，$x=2$ のみ。

x	0	……	2	……	5
V'		$+$	0	$-$	
V		↗	極大	↘	

$x=2$ のとき，極大かつ最大となる。

このとき，

$V=2\cdot(10-2\cdot2)(16-2\cdot2)=144$

よって，1辺が 2 cm の正方形を切り取るときに，

容積は最大値 144 cm³ をとる。

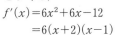

㉟関数のグラフと方程式・不等式 （$p.72\sim73$）

146 (1)$f(x)=x^3-3x^2-9x+10$ とおくと，

$f'(x)=3x^2-6x-9$

$=3(x+1)(x-3)$

x	……	-1	……	3	……
$f'(x)$	$+$	0	$-$	0	$+$
$f(x)$	↗	極大15	↘	極小-17	↗

$y=f(x)$ のグラフをかくと，図のようになる。

方程式 $f(x)=0$ の異なる実数解の個数は，$y=f(x)$ のグラフと x 軸との交点の個数となる。

よって，**3 個**である。

(2)$f(x)=2x^3+3x^2-12x-20$ とおくと，

$f'(x)=6x^2+6x-12$

$=6(x+2)(x-1)$

x	……	-2	……	1	……
$f'(x)$	$+$	0	$-$	0	$+$
$f(x)$	↗	極大0	↘	極小-27	↗

$y=f(x)$ のグラフをかく
と，図のようになる。
よって，方程式 $f(x)=0$
の異なる実数解の個数は，
2個である。

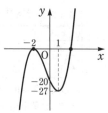

147 $f(x)=x^3-3x^2-9x+27$ とおくと，
$f'(x)=3x^2-6x-9$
$\quad\quad=3(x-3)(x+1)$
$x\geqq0$ で増減表をかくと，

x	0	……	3	……
$f'(x)$		$-$	0	$+$
$f(x)$	27	↘	極小 0	↗

$x\geqq0$ では，$f(x)\geqq f(3)=0$ がいえる。
よって，$x\geqq0$ のとき，$x^3-3x^2-9x+27\geqq0$ が成
り立つ。等号が成り立つのは $x=3$ のとき。

148 $f(x)=x^3-3-3(x^2-3)$ とおくと，
$f(x)=x^3-3x^2+6$
$f'(x)=3x^2-6x$
$\quad\quad=3x(x-2)$
$x\geqq0$ で増減表をかくと，

x	0	……	2	……
$f'(x)$		$-$	0	$+$
$f(x)$	6	↘	極小 2	↗

$x\geqq0$ では，$f(x)\geqq f(2)=2>0$ がいえる。
よって，$x\geqq0$ のとき，$x^3-3-3(x^2-3)>0$
すなわち，$x^3-3>3(x^2-3)$ が成り立つ。

149 $2x^3-3x^2-6x+3=6x+k$ より，
$2x^3-3x^2-12x+3=k$ として，
曲線 $y=2x^3-3x^2-12x+3$ と直線 $y=k$ との共有
点の個数で考える。
$y'=6x^2-6x-12$
$\quad\quad=6(x-2)(x+1)$

x	……	-1	……	2	……
y'	$+$	0	$-$	0	$+$
y	↗	極大 10	↘	極小 -17	↗

よって，
$k>10$，$k<-17$ のとき，1個
$k=10$，-17 のとき，2個
$-17<k<10$ のとき，3個

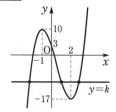

150 $y=x^3$ より，$y'=3x^2$
点 (t, t^3) における接線の方程式は，
$y-t^3=3t^2(x-t)$
$y=3t^2x-2t^3$ ……①
①が点 $(2, a)$ を通るので，
$a=6t^2-2t^3$

$a=-2t^3+6t^2$ ……（＊）
3次関数では，接点が異なれば接線も異なるので，
（＊）が異なる3つの実数解をもてばよい。
すなわち，
$$\begin{cases} y=a & ……② \\ y=-2t^3+6t^2 & ……③ \end{cases}$$
のグラフが異なる3つの共有点をもつ条件を求めれ
ばよい。
③より，$y'=-6t^2+12t$
$\quad\quad=-6t(t-2)$

t	……	0	……	2	……
y'	$-$	0	$+$	0	$-$
y	↘	0	↗	8	↘

増減表より，③のグラフは，
右の図のようになる。
よって，求める条件は，
$0<a<8$

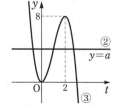

✓注意
関数によっては，異なる
2点で接する直線もある。

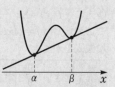

36 不定積分　　(p.74～75)

以下，C を積分定数とする。

151 (1) $\displaystyle\int x^2\,dx=\frac{1}{3}x^3+C$

(2) $\displaystyle\int(2x+3)\,dx=x^2+3x+C$

(3) $\displaystyle\int(-6x^2+2x-5)\,dx=-2x^3+x^2-5x+C$

(4) $\displaystyle\int(x-1)(x-2)\,dx=\int(x^2-3x+2)\,dx$
$$=\frac{1}{3}x^3-\frac{3}{2}x^2+2x+C$$

(5) $\displaystyle\int(2t+3)^2\,dt-\int(2t-3)^2\,dt$
$$=\int\{(2t+3)^2-(2t-3)^2\}\,dt$$
$$=\int24t\,dt$$
$$=12t^2+C$$

152 (1) $f(x)=\displaystyle\int(6x-2)\,dx$
$$\quad\quad=3x^2-2x+C$$
となる。
$f(2)=9$ により，$8+C=9$　$C=1$
よって，$f(x)=3x^2-2x+1$

(2) $f(x)=\int(3x^2+2x+3)\,dx$

$=x^3+x^2+3x+C$

となる。

$f(1)=1$ により，$5+C=1$　$C=-4$

よって，$\boldsymbol{f(x)=x^3+x^2+3x-4}$

153 $f(x)$ の不定積分とは，微分すると $f(x)$ になる関数のことだから，

$$f(x)=\left\{\int f(x)\,dx\right\}'$$
$$=(2x^3+5x+C)'$$
$$=6x^2+5$$

よって，$\boldsymbol{f(x)=6x^2+5}$

154 点 $(x,\ y)$ における接線の傾きは $f'(x)$ となるから，$f'(x)=6x^2-1$

$$f(x)=\int f'(x)\,dx$$
$$=\int(6x^2-1)\,dx$$
$$=2x^3-x+C$$

点 $(2,\ 4)$ を通るから，

$4=f(2)=16-2+C$

$C=-10$

$f(x)=2x^3-x-10$

よって，$\boldsymbol{y=2x^3-x-10}$

37 定積分　(p.76～77)

155 (1) $\displaystyle\int_1^2(2x+1)\,dx=\Big[x^2+x\Big]_1^2$

$=(4+2)-(1+1)$

$=\boldsymbol{4}$

(2) $\displaystyle\int_{-1}^2(3x^2+x-2)\,dx=\left[x^3+\frac{x^2}{2}-2x\right]_{-1}^2$

$\displaystyle=(8+2-4)-\left(-1+\frac{1}{2}+2\right)$

$\displaystyle=\boldsymbol{\frac{9}{2}}$

(3) $\displaystyle\int_{-2}^1(x+2)(x-1)\,dx$

$\displaystyle=\int_{-2}^1(x^2+x-2)\,dx$

$\displaystyle=\left[\frac{x^3}{3}+\frac{x^2}{2}-2x\right]_{-2}^1$

$\displaystyle=\left(\frac{1}{3}+\frac{1}{2}-2\right)-\left(-\frac{8}{3}+2+4\right)$

$\displaystyle=\left(\frac{1}{3}+\frac{8}{3}\right)+\frac{1}{2}+(-2-2-4)$

$\displaystyle=\boldsymbol{-\frac{9}{2}}$

156 (1)（与式）$\displaystyle=\int_1^3\{(x^2-2x-3)+(-x^2+4x+3)\}\,dx$

$\displaystyle=\int_1^3 2x\,dx$

$=\Big[x^2\Big]_1^3$

$=9-1$

$=\boldsymbol{8}$

(2)（与式）$\displaystyle=\int_{-2}^0(x^2-4x+1)\,dx$

$\displaystyle=\left[\frac{x^3}{3}-2x^2+x\right]_{-2}^0$

$\displaystyle=0-\left(-\frac{8}{3}-8-2\right)$

$\displaystyle=\boldsymbol{\frac{38}{3}}$

(3)（与式）$\displaystyle=\left[-x^3+\frac{x^2}{2}-2x\right]_{-2}^2$

$=(-8+2-4)-(8+2+4)$

$=\boldsymbol{-24}$

☑ **注意**

n が奇数のとき，$n+1$ は偶数だから，

$$\int_{-a}^a x^n\,dx=\left[\frac{1}{n+1}x^{n+1}\right]_{-a}^a$$
$$=\frac{1}{n+1}\{a^{n+1}-(-a)^{n+1}\}$$
$$=\frac{1}{n+1}(a^{n+1}-a^{n+1})$$
$$=0$$

n が偶数のとき，$n+1$ は奇数だから，

$$\int_{-a}^a x^n\,dx=\left[\frac{1}{n+1}x^{n+1}\right]_{-a}^a$$
$$=\frac{1}{n+1}\{a^{n+1}-(-a)^{n+1}\}$$
$$=\frac{2}{n+1}a^{n+1}$$
$$=2\int_0^a x^n dx$$

これを使うと，(3)の別解として，次のような解答もできる。

$$\int_{-2}^2(-3x^2+x-2)\,dx=2\int_0^2(-3x^2-2)\,dx$$
$$=2\Big[-x^3-2x\Big]_0^2$$
$$=2\cdot(-8-4)$$
$$=-24$$

157 $\displaystyle\int_{-2}^2 f(t)\,dt$ は定数になるから，A で表すと，

$f(x)=2x-3+A$ となる。

そこで，

$f(t)=2t-3+A$ だから，

$$A=\int_{-2}^2 f(t)\,dt$$
$$=\int_{-2}^2(2t-3+A)\,dt$$
$$=2\int_0^2(A-3)\,dt$$

$$=2\Big[(A-3)t\Big]_0^2$$

$$=4(A-3)$$

$A=4(A-3)$ より, $A=4$

よって, $f(x)=2x+1$

158 $\displaystyle\int_a^x f(t)\,dt$ は $f(x)$ の不定積分の 1 つだから,

$\displaystyle\int_a^x f(t)\,dt=(x-2)^2$ の両辺を x で微分すると,

$f(x)=2x-4$ となる。

また, 与式に $x=a$ を代入すると,

$$\int_a^a f(t)\,dt=(a-2)^2$$

$$0=(a-2)^2$$

$$a=2$$

よって, $f(x)=2x-4$, $a=2$

㊳ 定積分と図形の面積　(p.78〜79)

159 (1)$y=-x^2+x+6$ のグラフは図のようになるから, $-1\leqq x\leqq 2$ では $y\geqq 0$ を満たす。

よって, 面積 S は,

$$S=\int_{-1}^2(-x^2+x+6)\,dx$$

$$=\Big[-\frac{x^3}{3}+\frac{x^2}{2}+6x\Big]_{-1}^2$$

$$=\Big(-\frac{8}{3}+2+12\Big)$$

$$\quad-\Big(\frac{1}{3}+\frac{1}{2}-6\Big)$$

$$=\frac{33}{2}$$

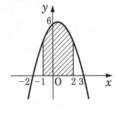

(2)曲線 $y=-x^2+2$ と直線 $y=x$ との交点の x 座標は,

$$-x^2+2=x$$

$$(x+2)(x-1)=0$$

$$x=-2, \ 1$$

つまり, 図のような位置関係がわかる。

よって, 面積 S は,

$$S=\int_{-2}^1\{(-x^2+2)-x\}\,dx$$

$$=\Big[-\frac{x^3}{3}+2x-\frac{x^2}{2}\Big]_{-2}^1$$

$$=\Big(-\frac{1}{3}+2-\frac{1}{2}\Big)-\Big(\frac{8}{3}-4-2\Big)$$

$$=\frac{9}{2}$$

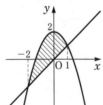

(3)曲線 $y=2x^2-x$ と直線 $y=x+4$ との交点の x 座標は,

$$2x^2-x=x+4$$

$$x^2-x-2=0$$

$$(x-2)(x+1)=0$$

$x=2, \ -1$

つまり, 図のような位置関係がわかる。

よって, 面積 S は,

$$S=\int_{-1}^2\{(x+4)-(2x^2-x)\}\,dx$$

$$=\int_{-1}^2(-2x^2+2x+4)\,dx$$

$$=\Big[-\frac{2}{3}x^3+x^2+4x\Big]_{-1}^2$$

$$=\Big(-\frac{16}{3}+4+8\Big)-\Big(\frac{2}{3}+1-4\Big)$$

$$=9$$

☑ 注意

定積分の計算より,

$$\int_\alpha^\beta a(x-\alpha)(x-\beta)\,dx=-\frac{a}{6}(\beta-\alpha)^3$$

が成り立つことがわかる。

このことを使って, 放物線と直線, または, 放物線と放物線で囲まれた図形の面積 S を求める別解を次に紹介する。

(3)で, 交点の x 座標を求めるときに,

$$2x^2-x=x+4$$

$$2x^2-2x-4=0$$

$$2(x-2)(x+1)=0$$

$$x=2, \ -1$$

としているから,

$$S=\int_{-1}^2\{(x+4)-(2x^2-x)\}\,dx$$

$$=\int_{-1}^2(-2x^2+2x+4)\,dx$$

$$=\int_{-1}^2\{-2(x-2)(x+1)\}\,dx$$

$$=-\frac{-2}{6}\cdot\{2-(-1)\}^3$$

$$=9$$

つまり, 交点を求めるときの x^2 の係数と, 交点の x 座標で面積が決まるのである。

---

160 (1)2 曲線の交点の x 座標は,

$$2x^2-6x+5=-3x^2+9x-5$$

$$5x^2-15x+10=0$$

$$5(x-1)(x-2)=0$$

$$x=1, \ 2$$

2 曲線の位置関係は, 図のとおりである。

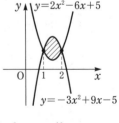

よって, 面積 S は,

$$S=\int_1^2\{(-3x^2+9x-5)-(2x^2-6x+5)\}\,dx$$

$$=\int_1^2(-5x^2+15x-10)\,dx$$

$$=\Big[-\frac{5}{3}x^3+\frac{15}{2}x^2-10x\Big]_1^2$$

$$=\Big(-\frac{40}{3}+30-20\Big)-\Big(-\frac{5}{3}+\frac{15}{2}-10\Big)$$